为什么
男人喜欢直线
女人喜欢波点

Why Men
Like
Straight Lines
and Women
Like
Polka Dots

性别视觉
心理学

[英]格洛丽亚·莫斯 著

陈静雯 译

中国友谊出版公司

图书在版编目（ＣＩＰ）数据

为什么男人喜欢直线女人喜欢波点 / （英）格洛丽亚·
莫斯著；陈静雯译. -- 北京：中国友谊出版公司，
2016.9
书名原文：Why men Like Straight Lines and
Women Like Polka Dots
ISBN 978-7-5057-3817-1

Ⅰ.①为… Ⅱ.①格… ②陈… Ⅲ.①性别心理学
Ⅳ.①B844

中国版本图书馆CIP数据核字(2016)第198691号

Text copyright：Gloria Moss ，First published by Psyche Books，2014 ，
is an imprint of John Hunt Publishing Ltd
著作权合同登记号 图字：01-2016-5705 号

书名	为什么男人喜欢直线女人喜欢波点
著者	[英]格洛丽亚·莫斯
译者	陈静雯
出版	中国友谊出版公司
发行	中国友谊出版公司
经销	新华书店
印刷	北京中科印刷有限公司
规格	710×1000毫米　16开
	16.5印张　　199千字
版次	2017年1月第1版
印次	2017年1月第1次印刷
书号	ISBN 978-7-5057-3817-1
定价	39.80元
地址	北京市朝阳区西坝河南里17号楼
邮编	100028
电话	(010) 64668676

版权所有，翻版必究
如发现印装质量问题，请与承印厂联系退换

目 录 | CONTENTS

第四章　男女看世界的方式为何不同？

第二部分　性别视觉心理学的启示

第五章　设计

第六章　广告

第七章 城市设计

第八章 虚拟场景

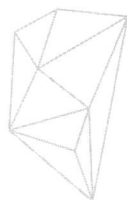

Part I

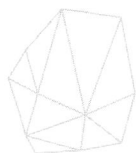

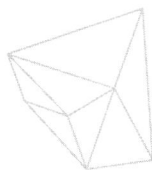

第一部分

男人 vs. 女人
观看世界的不同方式

第一章
视觉世界中的男人与女人

美？这个词对我来说毫无意义。因为我既不知道它从何而来，也不知道它通往何处。

——巴勃罗·毕加索

威廉王子的直边图形和凯特王妃的波点裙

在 2011 年 7 月初的一个夏日，凯特王妃和威廉王子访问了洛杉矶内城①艺术中心，这是一个向内城的孩子们推广视觉艺术和表演的组织。到了艺术中心之后，王储伉俪先和孩子们聊了聊天，之后就在教室里落座，开始创作他们自己的艺术作品。新婚燕尔的威廉王子和凯特王妃在相邻的画架旁就座，背靠着背，开始作画。威廉画了一个抽象的直边图形，凯特则集中精力画了一个色彩鲜艳的红色圆圈，然后用同心圆把它包围起来，又画上了脖子和脑袋，创作了一只蜗牛。之后，她又在圆圈中加入一些波

---

① 内城：靠近市中心的地带，通常较为老旧、密集。

点，来营造一种轻松的感觉。最后，她在背景里画了些草丛，使之充盈着大自然的气息。

有些人可能会认为，这两种不同画面的背后是每个人对于画笔和颜料所产生的特异反应。然而在那年夏天的早些时候，凯特的妹妹皮帕·米德尔顿在马德里和朋友们共度周末，就被拍到了和一名女性朋友一同身着夏装——她穿着一条白底黑色波点的露肩裙，而她的朋友则穿着一条有白色波点的灰色裙子。这件事之后不久，当时已嫁入王室多时、离诞下小王子只有几月之遥的凯特本人，在一次参观华纳兄弟工作室的时候，也穿着黑白相间的波点裙，还引起了媒体的关注。这条裙子并不是什么高端牌子货，它的价格不过 38 英镑，然而几个星期后，凯特又穿着它出席了两位旧友威廉·范·卡塞姆和罗茜·鲁克·基恩的婚礼。几个月之后，当抱着新出生的小王子，出现在世界各地的媒体面前时，她穿了一条蓝白色相间的波点裙。

这事发生在 2013 年，当时我手头的一项房屋翻新工程正接近尾声，因为室内装饰的需要，我访问了印花界元老凯思·基德斯特的网站。她在全世界都受到追捧，在英国有 41 家店，在丹麦有两家，在日本有 15 家，还有 4 家在韩国。她家的设计创意处处彰显女性气息，其中带有印花的家居配饰尤为突出。包括手机外壳在内，她家目录中的商品至少有 15 件设计以波点作为装饰。其中有"浴花日记本"，它的波点在脊背上；有一款卷尺，是亮粉色上面点缀白色波点；还有围裙、浴室防滑垫、被罩、枕套；毛巾、烤箱手套，甚至行李牌和钱包上都装饰有波点。而在兴起于 20 世纪 70 年代的小伍兹公司的商品目录中，带有波点的夏季女装可谓数不胜数。然而在其男装商品里，波点几乎难觅踪迹。

为什么会这样呢？我曾经让一些人画两组图案，一组由条纹组成，一组由波点组成，然后问他们是否更喜欢其中一种。为方便起见，我让他们分别在两只杯子上画这两组图案，然后说出更喜欢哪个杯子及原因。在被访者中，既有在超市收银台工作的成年人，也有我的朋友和同事。在我询问的男人中，有75%选择了条纹；而在女人中，有65%选择了波点。若单纯根据概率论的基本原理预测结果，那么无论男性还是女性，选择两种图案的人数应该大致相等。然而实验结果表明：对两种图案的偏好不仅是概率问题，而且男女的反应存在重要差异。

被问及选择的原因时，一个男人解释说条纹"与波点相比，给人一种更高、更拉长的感觉"。他是赛恩斯伯里超市的货架摆放员，正准备去中国当五年的英语教师。另一个男人是为儿童慈善机构募捐的意大利人，他说自己就是不喜欢波点，他的这种想法得到了很多其他男性的呼应。评论中最有趣的一条来自一名资深设计师，他把自己对条纹的偏爱与"超越混乱的秩序、品味、古典、黄金比例、视角、开始／终结、工程－机械、迷人、常规、界限"联系在一起。对他来说，波点是"很难被包含（在设计中）的、无秩序的、气氛紧张的、绵延不休的"。两名男性表达了对波点的偏爱，但其中一名立刻解释说："我从来没有穿过带波点的衣服，我只穿条纹。"

那女性的反应是怎样的呢？在19个女性样本中，有12个表达了对于波点的偏爱。有一个学心理学的博士生认为波点"没有条纹那么强硬，更柔和，没那么拥挤、也更女性化，而条纹则比波点更容易拉长和扭曲空间"。一家公关公司的高级客户经理认为波点"更有意思，因为你会在脑海里把它们拼到一起，变成一个更有趣的图案"。还有一个人把波点描述为"妙趣横生、轻松、幽默的"，而且可以"融入大背景"，而条纹则显得"直接、挑衅"，"相当无聊"，而且"让我联想到监狱"。一所芭蕾舞学校的校长也更喜爱波点，她认为条纹"有棱角，而且具有视觉对抗性"。

如我们所见，多数女性选择了波点，只有不到三分之一的女性选择了条纹（其中一个立刻表示她肯定会选择一个以波点为装饰的杯子）。因此，这次粗略的小调查表明，大多数男性喜爱条纹，大多数女性则青睐波点，只有一小部分男性和女性处于中间地带。或许布里奇特·莱利[1]就处于这个中间地带，她的作品常常注重但又不局限于直线和条纹的运用。即使是达米恩·赫斯特[2]先生偶尔也会创作波点，但他承认自己只亲手画过 5 次，因为"画这个真麻烦"。他说在自己的画室里，"最会画波点"的人是蕾切尔·霍华德。

本书揭示了什么？

本书中的信息都来源于心理学、艺术治疗、美术、教育、设计和市场营销领域。阅读本书时请注意一则身心健康风险警告：读了这本书，你的世界就会变得不一样了。如果你愿意接受这个挑战，那么请读下去。

在 20 世纪 90 年代，我刚开始绘制两性视觉偏好的版图之时，这个领域还没多少人涉足过。如今这门关于感知的新学科已经被揭开了神秘的面纱，并且将彻底改变你认知世界的方式。一位主编在审阅我早先写过的一本书时，称这些新的发现为"令人难以接受的事实"，不过你可以自己判断他说的是否属实。如今，超过 80% 的购买决策由女性做出，因此我们确

---

[1] 布里奇特·莱利：英国女画家，欧普艺术倡导者，代表作《瀑布第三号》。
[2] 达米恩·赫斯特：新一代英国艺术家的主要代表人物之一，曾获英国当代艺术大奖特纳奖。

实需要了解两性的审美和视觉偏好，以及他们创造出来的东西是不是真的有所不同。

本书对直线和波点的研究是一个耗时很多年的漫长之旅，而且这一命途多舛的命题，还由于涉及了在政治上很敏感的性别偏见问题而经历了很多坎坷。有人对书中提到的例子表示反对，而且说了很多偏激的话，将女人视为在"哺育室、厨房和教堂"工作的人。在某些情况下，这种论调也许是正确的。但是在视觉创作和视觉偏好领域，大量证据都证明了两性之间的确是存在差异的，而且这种差异还是在所有被认知的男女差异中，仅次于身高差异的最为明显的差异，让人无法忽视它的存在。当然，尽管大部分男性和女性之间存在这种差异，也有一部分人（大概30%）并不会体现出这种差异。

提醒一句，有关这门感知新学科的依据将在本书分两部分呈现。其中第一部分集中介绍这门新学科的科学证据，第二部分则探讨了这门学科的逸事及其对市场营销、建筑、美术、园艺和两性关系的启示。在这里暂不透露太多，不过你会发现这本书揭示了：

* 男女之间作为狩猎者、采集者的视觉差异
* 狩猎者眼中的世界
* 采集者眼中的世界
* 如何激发男人与女人的视觉兴奋点
* 为什么男人和女人在有关视觉的问题上存在差异

希望这些新奇的发现，让你踏上一趟愉快的发现之旅。

第二章
男人创作了什么 vs. 女人创作了什么

艺术家以己度物，而非以物度物。

—— 阿尔弗雷德·托内雷（法国诗人、作家）

人与人之间的差异是很少的；但是那一点点差异，无论多么细微，往往却是非常重要的。

—— 威廉·詹姆斯

写在前面的问题

我对两性视觉品味的探索之旅开始于一个炎热的夏日。那是个星期天，当时我刚刚在伦敦的皇家艺术学院画廊里度过一个冗长而繁忙的早晨，欣赏了各种各样的古典风景画。我渴望看到一些色彩更为鲜明、情绪更为轻快的画作，于是我来到摩尔画廊的水彩画家协会的年展会场，就是和白金汉宫在同一条路上的那一家画廊。会场的所有画作都可以出售，另外展方还提供了一本价格不菲的商品目录。看来比较审慎的做法是，首先匆匆记下能够拨动心弦的画作的编号，然后再偷偷看一眼它们的价格。桌子旁的工作人员看起来并不在意我在做什么；当我输入那些艺术家的名字之后，才发现我的名单中有 80% 是女性艺术家。与此同时，我快速地扫了一眼整个商品目录，才发现这次展览的大部分画作是由男性创作的。无须拥有统计学学位你就能意识到，在这样一个大部分画作是由男性创作的展览中，却能筛选出几乎全由女性创作的作品清单，这是一件多么不可思议的事情。

　　这立刻引出两个问题，男性和女性是否会创作出不同的画作？是否又会钟情于不同的视觉艺术？事实上，在展区内的匆匆一瞥让我意识到以前从未想过的问题：男人和女人的画作在细节的处理以及选色、视角和主题上都存在着差异。在市场上，有关两性差异的书籍浩如烟海。受《男人来自火星，女人来自金星》的影响，它们大都把重点放在研究两性的情绪差异上。我猜想，也许会有一些报刊栏目探索男女视觉品味的差异，然而，在 20 世纪 90 年代起步研究这个题目的时候，我在图书馆和网上都进行了大量的搜索，却几乎找不到任何关于男女视觉鉴赏力的对比研究。

　　这一缺失看起来非同寻常。如果其他女人都和我的反应一样，而其他男人都更钟爱男人的视觉创作，这对于整个视觉世界的影响无异于一场革命。试想一下，当今世界上最富有的在世艺术家达米恩·赫斯特——因创作了泡在甲醛溶液中的绵羊、活蛆和奶牛头而闻名遐迩——他的名望也许应该归功于艺术领域的后裔都是男性这一事实。男性显然为暴力与死亡所吸引，即使是在艺术领域也不例外。这一发现对设计和市场营销行业的影响也将是巨大的，因为这些行业的从业者大多是男性，而他们的目标市场却以女性为主体。如果男人和女人创作并喜爱不同的视觉作品，让男性揣测女性的喜好谈何容易？水彩画展会上的经历在我心中种下一颗种子，而几天后伦敦的《标准晚报》上的一篇文章，则让我把这些问题牢牢地镌刻于心。

这篇文章讲述了在中国湖南省南部（永州市江永县）一个肥沃的山谷里，发现了仅由女性书写的手迹——女书。这些文字的创造者和使用者都是来自农村地区的年轻女性，她们和其他身处中国传统文化中的女性一样，不能像男人那样接受正规的教育，也不能学习如何读写汉字。在缠足与社会禁锢的阴霾下，女性结婚后便被束缚在丈夫的家中。然而，生活在湖南省西南山区的女人们，还是以某种方式创造出了她们自己的文字和交流方式，把自己从文盲的状态中解放出来。

女书，字面意思为"女性书写的文字"。有些字体是原创的，其他的字体则是以汉字为基础创造的。汉字是中国官方的标准书写体系，也是当时男人们使用的读写文字。有一种理论认为，女书是女性在学习汉字的过程中，为切合自身的风格而对汉字进行简化和变更的产物。有趣的是，尽管汉字方正且多用直线，而女书中却只使用了曲线。我暗自忖度："这些文字在书写上的差异，有没有可能是对两性视觉创作存在差异的进一步佐证呢？"我渴望寻找一个答案，这驱使我立刻采取了行动。

我所采取的第一步行动，是对视觉创作领域的从业者进行采访。首先我来到了一家位于伦敦的设计咨询公司，在这里我采访到了两位设计师。我问他们男人和女人设计的作品是不是有些差别。停顿了片刻之后，其中一位以前曾经担任过教师的设计师回忆道："即便在那些宣传册之类不必要使用直线的地方，男孩们也钟爱绘画直线。"另一名设计师在过去的职业生涯中主要从事商业设计，他陈述道："男性设计师确实比女性设计师更趋向于使用直线。"我似乎看到某种趋势正渐渐清晰起来，因此大受鼓舞，总共做了 40 个采访。

印象很深的一次采访是在一所离伦敦不远的大学里进行的，采访对象是一位教产品设计的讲师。她本人还是珠宝商，在发现自己有阅读障碍后，就对视觉艺术产生了浓厚的兴趣。她兴致勃勃地讲了一个给预科生的项目，让他们使用自然物体制作一顶帽子。"男孩们的帽子都有很强的构造性，全是由树枝制作的，比女孩们的更有棱角。女孩子的帽子则是由树叶、鲜花、苔藓和浆果制成的，因此显得更具自然气息。"在这里，我又看到了那两条平行的电车轨道。越来越多的证据激起我强烈的好奇心，不断地寻找更多可以对话的人。

细节

一次，我和一家顶级美国设计机构的设计师进行对话，这次聊天把我的研究引向了一个新的方向。他评论说："女性比男性更专注于细节。"差不多同一时间，我还采访了知名的设计历史学家、现任金斯顿大学副校长彭妮·斯帕克教授。她毫不避讳争议，评论说，作为当代设计学的主门课程，现代主义传统"拒绝任何被识别为女性的东西，比如女性喜欢的装饰"。

大约在同一时间，我还去英格兰中部参加了一个一年一度的美食博览会。当四处闲逛的时候，我注意到一个色泽鲜亮的燃气灶，它与当时市面上的大型家电有着天壤之别。原来，这是一次由世界上最大的独立式燃气灶供应商——新世界炊具公司举办的儿童填色比赛，而这个燃气灶是取自获奖作品所使用的色彩缤纷的颜色。这次比赛的参赛者都是小学生（也就是11岁以下的儿童），有11家当地报纸都做了相关报道，因此有大量的参赛作品。要是能够拿到参赛作品的样本，对于研究者而言真是太理想不过了。

幸运的是，新世界炊具公司很爽快地同意了我的请求。我研究的作品一共有 204 份，其中 90 份来自男孩，114 份来自女孩。这是一个研究者梦寐以求的样本。样本量很大，而且孩子们可以在给定的形状里通过涂色来自由地表达自己。一共有五种不同的填色方式：

* 烤箱底部的方形可以涂成一种颜色，也可以涂成多种颜色。
* 燃气灶的把手可以涂成跟周围相同的颜色，也可以涂成另一种颜色。
* 开关可以涂成一种颜色，也可以涂成多种颜色。
* "新世界"的商标可以涂成一种颜色，也可以涂成多种颜色。
* 燃气灶底部的开关可以涂成跟周围相同的颜色，也可以涂成另一种颜色。

分析填色方式是一个绝对客观的过程（为了保证准确率我做了两遍分析）；两小时后，一些意想不到的差异开始浮现出来。比如，女孩远比男孩更喜爱用不同的颜色来涂画旋钮、把手和烤箱门的边框，这个结果的随机误差率不超过 10%。

当然，是否愿意接受这个结论，取决于是否相信这些差异能够揭示出男孩和女孩的视觉反应。我也是后来才发现并不是所有人都愿意相信这些。不过，值得注意的是，在 20 世纪 40 年代，学者伊丽莎白·赫洛克就曾经对 1 451 份儿童画作进行过分析，她发现有 20% 的女孩在绘画中使用了重复的图案，而男孩当中这个比例仅为 1%。可以看出，两性对于图案和细节有着不同的偏好，尽管这些偏好很难单单用社会因素来解释，这些研究却为我们提供了很好的初步启发。

这些研究为我们提供了很好的解释两性对图样和细节的不同偏爱的初步证据，而这些喜好却很难单单用社会因素来解释。

技术性

几个星期后，我又参观了两家博物馆，一家是手工艺委员会美术馆，另一家是伦敦设计博物馆，它们让我进入了两个令人振奋却截然不同的世界。在手工艺委员会美术馆，大多数展品是由女性艺术家创作的，而在伦敦设计博物馆，则布满了男性艺术家创作的机械制造品。坦率地讲，似乎"设计"这个词专属于由男性艺术家创作的作品——主要是机械制造品，而"工艺品"这个词则专指手工艺品，就手工艺美术馆而言，主要是纺织手工艺品。这个领域主要由女性统治。

有趣的是，在一次对设计历史学家彭妮·斯帕克教授的采访中，她也认同当前设计领域体现的是男性的嗜好。在她看来，现代设计的基础是现代主义，而现代主义是男性的，以至于现代设计学"建立在对机器美学的欣赏之上"。在这次对话不久之后，我和一位职业设计师一起喝咖啡，期间这位设计师描述说，男性总是喜爱"以机械为基础"的物品。对于这一见解，几个星期之后，我在参观孩之宝公司的时候又有了非常有趣的感悟。孩之宝公司是全球最大的玩具制造商之一，总部设在美国罗德岛的波塔基特。

我此行参观的是孩之宝公司的英国总部。找路时费了些周折，因为它离希斯罗机场很近，司机不得不在高速行驶的过程中，快速辨识如迷宫般纷乱错杂的立交桥指示标。到了那里之后，我很高兴地让自己陷入一把椅子里，一边细品着咖啡，一边和曾经负责设计辛迪娃娃的设计师聊天（辛迪娃娃一度是芭比娃娃的竞争对手，如今由宝路玩具公司生产）。我们谈话的主要内容是孩之宝公司如何对男孩和女孩的游戏模式进行调查研究，不过她还谈到了一些设计方面的问题。当她说到一位男性设计师从女同事那里接手之后所采取的种种举措时，我不由得竖起了耳朵。"他决定在娃娃的摩托车上安装一个特殊的表盘。"她对此并不感到诧异，因为在她看来，"男性设计师钟爱技术"和"小配件"。在随后的研究中，我发现男性的设计远比女性更具有技术特征。因此，如果我们把"设计"这个名称赋予那些外观看起来有技术感的作品，而把"工艺"这个词赋予那些外观看起来不具备技术感的作品，设计师更多是男人而工艺师更多是女人，就不足为怪了。在一个男性主宰的学科（如设计）里，男人们会依照他们所擅长的东西来设定标准，这是一个重要的发现。接下来，我要讲述自己在尝试制作工艺品时更进一步的发现。当时，我在本地一个艺术中心里看到了一则混凝纸浆①课程的广告。

功能

那是个夏天。把湿纸黏在物体上放置一个礼拜，然后再给它上色，似乎是件颇有意思的事情。和课上的其他姑娘们一样，我决定做一个碗。我非常欣喜地制作了一个精致的蓝色小玩意儿，边缘饰以一圈亮黄色的小鱼。我们组的一位男同学则做了一个布满棱角，但没有任何装饰的深灰色花瓶。当看到我制作的碗时，他只给出了一句评价："可是，它能用来干什么呢？"奇怪，在这之前我从未考虑过它的功能，我所关注的只是它的美观而已。

---

① 混凝纸浆：papier mâché，词语来自法文。就是用废纸当材料，加上白胶制作各种立体坚硬的物品，定型上色后可以做收纳容器或者装饰品。

这是因为我很古怪吗？倒也不是。一位教产品设计的大学老师说："男人关注物品的功用。女人则正相反，她们关注物品所带来的体验，而不是物品本身。对她们来说，重要的是自己的感受。"接下来，她描述了一个曾经给新生们的项目，让他们利用自然物品来制作一顶帽子。"男孩们主要关心帽子的功能，确保帽子能牢牢地戴在头上，不会掉下来；而女孩们则更关注帽子的外观——是不是好看，是不是有装饰性。"

另一位女性设计师认为，设计界倚重功能，而不是造型，这影响了20世纪90年代，也就是她求学时期的设计学教育。"造型被看作产品设计中一种乏善可陈的追求。一旦开始纠结于造型，你就要为此感到万分羞愧——在艺术学院，造型是一个贬义词。"她认为，女性渐渐地败落下来，是因为她们比男性更执着于造型——"如果有一门专门研究造型的课，"她说，"那么产品设计的课程一定会吸引更多的女性。"

想到我用混凝纸浆制作的碗，这些都让我大为宽心，而最终让我确信自己制作碗的想法并不古怪的是一项美国的大型研究。这是由麦卡蒂在1937年对 31 000 幅绘画所进行的研究。麦卡蒂得出的结论是：女孩的绘画"倾向于美观"，而男孩则"倾向于生活中的机械和科学问题"。

三维

那次在伦敦的科芬园采访一位非常杰出的设计师最为难忘。科芬园是一片艺术圣地，这里矗立着英国皇家歌剧院。爬上蜿蜒的楼梯，我来到了她的办公室。她给我展示了自己的种种设计，上面带有标志性的小红心形图案。在喝茶的时候，她主动向我坦白说，她总是先画出二维图案，然后再在上面加上阴影"来制造出一种三维的假象"。她补充道，很多男人画三维图案比女人要轻松得多，而她自己是感到费力的那些女人之一。

实际上，她的想法与两个在不同地点、不同时间所做的研究的结果相契合。第一个研究是凯兴斯泰纳于 1905 年在德国做的，这个研究通过对比男孩和女孩绘画的特点，得出一个非常有趣的发现——男孩的绘画比女孩的更写实。第二个研究是日本的，在 2001 年由饭岛惠主持完成。他们发现男孩比女孩更喜欢画堆积的图案、立体的图案和鸟瞰视角的图案（更多关于这些研究的介绍见下文）。所以，男孩们倾向于对物体进行真实描绘，女孩们则更青睐不那么真实的绘画风格，而且喜欢把图案排成一行。稍后，我们会看到（第四章）证据显示男性具有很强的空间旋转能力，这或许是导致两性之间存在这些差异的一个重要因素。

现在，我已经结束了对设计师和美术家们的访谈。我手中握着 40 个访谈内容，是时候把它们盘点一下了。他们是否认为男性和女性设计有差异呢？只有 1 个人认为不存在任何差异，另外还有 10 个人（相当于总数的 25%）没有观点或者不置可否。而剩余的 29 个人——达到受访者总数的 73%——都认为男性和女性的视觉创作之间存在差异。有趣的是，我们讨论到的许多差异都与研究发现的儿童和青年人绘画作品中的差异吻合。常见的差异包括男性和女性对直线和曲线的使用，以及他们对立体性和功能性不同的重视程度。而深层次的差异包括他们对男人和女人的不同描绘，以及是否涉及无生命或者有生命的题材。

所有这一切都表明，这里蕴含着某种重要的规律。然而在那时，还没有人做过系统的研究来审视这些差异，寻找其背后的深层原因。也没有人研究过人们的喜好，所以我在美术馆的经历是不是典型无从知晓。因此，只剩下一个办法了，那就是继续用系统和科学的方法进行研究。我决心把主要精力放在设计上，第一阶段研究设计创作，第二阶段研究设计偏好。

有了一个想法固然很好，但是究竟要如何对比男性和女性的设计创作呢？一个显而易见的方法是追踪艺术院校学生的作品。在这点上，身处首都伦敦带给我巨大的优势，因为我可以把很多学校纳入自己的研究框架中。没过多长时间，我就听说有一所学校给学生布置了一项作业，让学生为豪华巧克力设计包装盒。这些学生当时都在读预科——这简直太棒了，因为这就意味着他们还没有接受三年的艺术学院课程——而且，因为某些巧合，男性和女性的人数又正好相等。对比他们的设计作品会带给我们什么样的启示呢？

直线性

尽管男学生和女学生是依照同样的指示进行工作的，详尽的分析却揭示了两性的设计之间存在着巨大的鸿沟。比如，男性设计的盒子倾向于正方形或者长方形，而女性设计的盒子却都是圆形或者椭圆形的。正如前面所提到的，男性设计的巧克力盒子都有三维立体的外观，而女性绘制的设计图样都是二维的平面。令人惊讶的是，我对他们进行了一项统计分析，统计显示两性之间的差异非常显著，而随机误差率不超过千分之一，所以这个发现的可靠程度可以与实验发现媲美。

这些结果太说明问题了（事实上，在本章随后的部分里还有更多的细节），以至于我决定让学生们再设计一个盒子。但是这一次，我事先给他们详细介绍了两性设计的典型特征，然后让他们把自己设想成异性来进行设计。因此，我向学生们说明了男性和女性倾向于采取截然不同的设计风格：直线 vs. 曲线，三维图案 vs. 二维图案，规则字体 vs. 不规则字体，极少细节设计 vs. 大量细节设计。看起来学生们已经对这些差异了然于胸了。接下来的这一周显得十分漫长，我迫不及待地想要看到学生们的大作。

终于到了揭晓答案的那一天，每个学生都展示了他们的新设计。有个男学生，他第一次设计的盒子是八角形的，而如今他的新作跟之前的形状一模一样——显然，直边形的诱惑力难以抗拒！还有个女学生，她画了一个三角形的盒子，然而她的三维效果完全失衡。诚然，她摆脱了原来的圆形设计，但她的新设计却难以让人信服。这真是耐人寻味。虽然这只是一次非正式的实验，样本量也很小，却表明了或许青年男性和青年女性都被特定的形状所吸引，而且拒绝改变自己的偏好。当然了，要想证明这个结论还需要精心设计的实验，但这对我而言已然是一个不错的开端，我决心开始认认真真地研究这个课题。

表面

要想涉足男性与女性的想象世界，还有一个好方法，就是奔走于学生们的年终毕业展览秀之间。有一年，一名叫作娜塔莉的设计学毕业生，非常自豪地站在她创作的灯罩旁边。灯罩采用真正的叶子在棉质材料上进行浸染制成，因而有一种女性阴柔之美，然而它的金属底座却很古怪地矗立在那里，特别长，显得与灯罩的风格格格不入。原来，这个底座并不是娜塔莉亲手制作的，而是她请了一位擅长金属加工的男同学帮忙完成的。娜塔莉对它并不是很满意——"这个底座比我想要的要高了一些。"她说。当她说起自己亲手制作的灯罩的时候，她苦笑了一下，"不过，我对于这个灯罩还是非常满意的。"

现在，回想一下你在大多数商店里看到的批量生产出来的灯罩，你会发现它们往往采用的是坚硬而非柔软的表面设计。事实上，设计师朱莉曾私下里跟我吐露说："女性喜欢使用软质的材料。正因为如此，她们会被某些工艺所吸引，比如缝纫啊、针织啊、绗缝啊、编织啊等。"那么男性呢？依照朱莉所说，他们的创作"更为精确、棱角更加尖锐"。所以，他们会选择使用金属材质来制作底座，而且会对材料进行极度的拉伸，也就不足为奇了。在 1937 年，心理学家埃里克·埃里克森曾邀请了 150 名儿童来摆放桌子上的小木块，他发现，男孩们倾向于搭建向上高耸的塔，女孩们则喜欢修建低矮的、环形的结构。

这是个别情况吗？在 1948 年，研究人员弗兰克和罗森让 250 名大学生把微小而抽象的图形补全。他们发现，不同于女性，男性倾向于向上搭建这些图形，向外部而不是向内部扩展构图（更多关于这方面的研究介绍见第七章）。所以，从这个例子中也可以看出，男性倾向于拉伸图案。现在，让我们来说一说另一场毕业展览秀。

尺寸

接下来的这场毕业展览秀规模十分宏大，参与者是来自全英国各地的应届设计学毕业生。他们都会在这场展览秀中展出他们的作品，以期能够得到企业的垂青。为了能够跟进他们的作品，我开始跟学生们索要名片。我突然意识到，这里，这个展厅，是一个绝好的机会，我可以拿到许多学生的名片。这样一来，我就可以比较男性和女性的名片有什么异同。不可思议的是，我一共得到了 227 张名片。在看完我想看的一切之后，我带着我的战利品回到了办公室。在这些名片中，一共有 83 位男生和 144 位女生。我立刻开始了对比它们的工作。

我把我的初步发现检查了一遍又一遍，确认无误后，方才放松片刻，去给自己制作了一杯咖啡，坐下来细细品味目前的成果。结果表明，男性和女性的名片尺寸存在着毋庸置疑的、极为显著的统计差异。看起来，男性显然比女性更喜欢使用标准大小的名片（90cm×55cm），而女性则倾向于从以下三个方面改变她们名片的大小：

* 名片整体比标准尺寸要么大、要么小。
* 增加宽度对长度的比值，使名片看起来更接近正方形。
* 使用圆形或者其他不同寻常的形状（比如，有人会做成柠檬的形状）。

这些发现都非常有趣。现在，是时候回到办公室做进一步的计算了。

颜色

这次，我要研究的是颜色。我想要对比男人和女人用色的异同。如同对形状的研究一样，对颜色的研究并不费事，很快就得出了结论：在名片的选色方面，男性和女性之间存在统计意义上的显著差异。男性更偏向于使用纯白色的名片，而女性则更偏向于使用彩色名片。这些发现后来收录在我和安德鲁·科尔曼合写的一篇文章中。安德鲁·科尔曼是莱斯特大学的著名心理学教授，也是许多本心理学学术著作和畅销书的作者。

与此同时，我决定要成为一名全职的研究员，这驱使我来到了南威尔士大学（前身是格拉摩根大学），因为这里有一批非常专注的研究者。当时我和营销与国际贸易系的高级讲师盖博·霍瓦特博士共用一间办公室。

有一次我们俩在讨论的时候，他的太太艾斯特·瓦斯正好走了进来。她决定要基于性别与设计方面的专题来撰写毕业论文。最终，她做了一个 eBay 上男性卖家网站与女性卖家网站的对比研究。

从许多方面而言，eBay 网都是一个绝佳的选择。它的产品种类繁多，广告受众人数庞大。在影响范围方面，这是唯一一家出售小到手表、大到私人公务机的商家——有一种私人公务机售价为 490 万英镑[①]——而且网站上有大量的广告。这都要归功于 eBay 这个世界上最大的线上市场之一，其业务覆盖 37 个国家，注册用户达 2.33 亿，相当于整个美国的人口总量。最后，在深思熟虑之后，艾斯特决定对比个人卖家所投放的男童装广告（其中 90% 的广告商是女性）和钓鱼竿，以及特大号床的广告（其中分别有 15% 和 30% 的男性广告商），看看这些广告是否在诸如颜色等方面存在差异。

她一共对比了 150 个卖家网站——这个样本量相当可观——她发现，80% 的男性卖家在广告中只使用了黑色或者蓝色，然而有超过 50% 的女性卖家使用了多种颜色，其中有 10% 甚至使用了至少 8 种颜色！她发现的另一点差异跟颜色没什么关系，说的是男性卖家更喜爱使用约定俗成的文本布局和字体。总而言之，似乎女性比男性更乐意于使用色彩。

这些发现绝非偶然。2001 年由饭岛惠带头的日本研究，研究员们在一所医学院对比了 168 名男孩和 160 名女孩的绘画。他们的一大发现是，男孩们的绘画普遍使用少于 6 种颜色，而女孩们的绘画普遍使用多于 10 种颜色。难道这仅仅是因为孩子们和学生们的个人特质不同吗？我曾在一家位于伦敦市中心的设计咨询公司采访过一位女性设计师，她说她的男同事们经常向她请教有关色彩的问题。"他们经常会搞错颜色，然后我就得过

---

① 490 万英镑：约合人民币 4 220 万元。

去帮他们。"在第四章，我们会看到一些振奋人心的最新科学发现，它们或许能对此做出解释。

顺便提一下，盖博决定进行一个平行研究，研究网站设计软件。他检查了 3 682 个免费模板，分析了用这些模板所制作的网站的常规外观。他发现，99.6% 的模板只使用了 2~3 种颜色做背景，只有 6% 的网站使用了多达 4 种基本颜色。至于网页上的形状组合（你应该还记得男性的设计青睐直线，女性的设计钟爱曲线），他发现软件中 84% 的模板只提供了直线的选择，而只有 15% 的模板既可以选择直线又可以选择非直线。这个发现相当惊人。2007 年 7 月，盖博在佛罗里达州的一个 IT 会议上报告了这个发现。我也参加了该会议。当时，我在主持一个基于计算机系统的市场营销研讨组，而这篇文章是我所读到的几篇引人入胜的文章之一。在两天的自由活动时间里，我们逃到了迪士尼世界。我们在 100 华氏度 ① 的高温与高湿度下艰苦地完成了工作，不过这些辛苦绝对值得付出！

到目前为止，我们对男性和女性作品的对比，揭示出这些设计作品的"外观"——无论是它们的形状、颜色、大小、功能，还是三维立体感——都存在差异。一次，我有幸旁听了一个大学模型制作课程的最后一节课。这次经历让我十分兴奋，因为在这堂课上，我有机会观察到了男性和女性是如何处理同一个主题（太空旅行）的。

---

① 100 华氏度：相当于 37.7 摄氏度。

主题

模型制作课的学生们满怀期待地坐在那里，等待助教的到来，然后开始一天的课程。他们的作业是设计一个航天器模型，在最后的这堂课里，他们会展示辛苦制作了一学期的小组作品。其中，有三个小组全都是男生，只有一个小组全都是女生，她们也是最后一个向全班展示作品的小组。

前三个小组设计的都是火箭，他们幻想这些在太空中飞驰而过的技术奇迹，可以征服敌对的外星人。如果一定要给这三个男生小组的共同主题做个归纳，那么应该是速度、技术范儿和尖端军事科技。而且，确实有那么一组火箭给我留下了深刻的印象。接下来终于轮到女生小组上场了。你可能会以为她们的作品跟前面三组大同小异，然而，她们却拿出了一个外层覆盖着拼接碎布的火箭，上面搭载着一个小老鼠分队，准备去月球上收集奶酪。当男人们的机器都在太空中以惊人的速度飞驰的时候，女生们的机器却依旧留在地面上，毅然决然地一动不动。

关于女生制作的火箭拒绝移动这一点，倒也没什么好惊讶的。前面我们曾经简要地提过 2001 年的一项日本研究，对比了男孩和女孩的绘画风格。这项研究有一个特别有趣的发现：他们发现在男孩的画作中，有 92.4% 都包含了移动中的物体，比如车辆、火车、飞机和火箭，然而在女孩的画作中，这个比例只有 4.6%。从统计学的角度来看，在创作上的这点差异非常显著，不太可能仅仅是偶然性造成的 。

说到创作，你可能会想要暂时放下书，来亲手绘一幅画。你只需要拿一张干净的纸和一支铅笔，就可以画出一个火柴人——我们自然不指望有什么伟大的艺术杰作——然后请认真地画出这个小人的头发、衣服，并写上名字。一旦你完成了你的草图，就请暂且把它放在一边，继续阅读这本书。

在 20 世纪 70 年代，玛丽亚·马耶夫斯基写了一篇博士论文，来对比男孩和女孩的绘画特点。她的一大发现是：人们往往会画出与他们性别相同的人物（更多关于她的研究介绍见下文）。她绝非是第一位发现这一点的人，因为许多让参与者画一个人物的研究都曾经得出过相同的结论。举个例子，在 20 世纪 50 年代曾经有个测试，参与者达 5 500 名成年人。其中，压倒性的 89% 最开始都画了一个跟他们性别相同的人。这似乎是一种常态。在我写的《性别、设计与营销》的书里，我还列举了另外 10 项研究，它们都得出了相似的结论。其中之一，是 1952 年由一位叫乔尔斯的研究员做的，参与者多达 2 560 人。这是一个相当大的样本，其中 85% 的男性和 80% 的女性最开始画的都是与他们性别相同的人。

现在来看一下你的画作，看看你是否能推断出自己所画人物的性别。十有八九，他 / 她跟你的性别是相同的，因为在所有的"人物画像"测试中，画出一个与自己性别相同人物的概率高达 70%~80%。顺便说一下，如果你画的是相反的性别，也大可不必感到焦虑——哈默在他所写的关于投射式绘画的书中对此有非常直白的解释。与其他许多有关视觉创作和偏好的规律一样，性别创作的规律只能覆盖大约 75% 的人群，而剩下 25% 的人则会产生不同的反应。我们应当允许个体反应之间存在差异，这一点非常重要，也是本书中所有推论的前提。总会有例外的情况发生，认识到这一点至关重要。

尽管如此，在"人物画像"的测试里，大量有力的证据都表明，绝大多数人倾向于画与他们性别相同的人物。事实上，这种趋势在很大程度上揭示了视觉创作，无论是设计图还是涂鸦，是如何带有创作者本身的印记的。像这样的即兴视觉创作，就如同给它们的创作者拍摄了一张 X 光片，真实地映射出一个人的个性、自我认知和独特的视觉空间技巧。难怪，阿尔弗雷德·托内雷把绘画和设计的过程描述成一次映射，认为艺术家看到的不是世界真实的样子，而是他们自己。这是怎么显现出来的呢？比如，一个自信满满的人，画的人物可能要占据纸上很大的空间，而缺乏自信的人画的人物就会小得多。同理，一个身体形象欠佳的人可能会选择只画身体的一部分。

最开始洞察到这些规律的时刻是十分激动人心的。记得我曾经让一位朋友的母亲来做这个"人物画像"测试。我特别想知道她会画出什么样的人物来。这位母亲是一个善良而真诚的人，我去过他们家很多次，每次她总是穿着同一件相当单调的厨房工作服。不管我是周末、工作日还是晚上去拜访，她永远都穿着这件工作服，把里面的衣服遮挡得严严实实的。有一天，我递给她一张空白的纸和一支铅笔，问她能不能画一个人出来。接下来发生的事情让我大吃了一惊，因为她仅仅画了一个女人的头和肩膀，却没有画剩余的身体。这是一个有力的例证，表明了对于这位女性而言，除了头和肩膀以外她身体的其他部分都无关紧要。

由此你可以看到，为什么有些人认为画作是画家自身的映射，为什么他们认为，如果你想要了解一个人，那么很简单，只要让他画一个人物就可以了。绘画是一种自我投射，如果你相信心理学中关于两性在情绪和侵略性上存在差异的证据，那么你就应该能够理解，到底是什么导致两性的视觉创作风格的迥异。诚然，比起艺术家来说，商业设计师和建筑师可能会受到更多的束缚，因为要遵循种种要求，所以必须"遮盖"他们本性的冲动，然而个性之光仍可能从这些约束中透射出来。

"但是，"你可能会说，"这个'人物画像'测试的结果肯定是骗人的。男人才不更喜欢画男人呢。试想一下，在艺术界有多少男画家的创作主题都是女人啊。"早在 20 世纪 90 年代，我刚开始研究这个话题的时候，就曾经和一位科学界的友人，鲁珀特·李博士，同游国家美术馆。他现在是大英图书馆科学、技术和医学研究部的负责人。他对我的很多研究都非常感兴趣，其中就包括男画家是不是真的更倾向于创作男性人物这个问题。这不是与众所周知的男画家总爱画美女相悖吗！

因此，在大英图书馆的时候，鲁珀特决定做一个简单的实验，来探究男性所创作的男女人物比例是否均衡。他在陈列着 17 世纪画作的画廊里，研究了 195 幅男画家的作品。如果你翻阅一下有关这个时期画作的典籍，就会发现人们把这个时期的艺术形容为充满了"活力""戏剧性"和"动态"的元素，这些元素在一些大于真实尺寸的女性裸体画作中清晰可见。委拉斯凯兹有一幅著名的画作——《镜前的维纳斯》。在画中，他用精致的笔触描绘了一个侧倚着的女人曲线波动的背影。而在圭多·雷尼的《珀尔修斯与安多米达》里，安多米达被铁链束缚在一块岩石之上，她的双臂绝望地向上举起，只有一缕极为轻薄的布料遮住她的下体。类似衣着暴露的女性形象还有《被色狼惊吓的戴安娜》，创作者据说是伦勃朗的追随者。当时人们十分热衷于展现女性的形体，这可能阻止了他们创作同性人物形象的倾向。

那么鲁珀特从这个仓促的实验中得出了什么结论呢？除去画面上有超过 10 位人物的画作以外，剩余 55% 的画作中男性人物都多于女性人物，而只有 23% 的画作中女性人物多于男性人物，另有 21% 的画作中男、女人物的比例相等。鲁珀特数了一下，一共有 433 位男性形象，这远远多于女性形象的数量（216 位）。这些数据相当不可思议，它们证实了人们确实倾向于创作和自己性别相同的艺术形象。当然，这只是在众多画作中选取了一小部分来进行的一次简单的调查，但得出的结果已经与许多人的假想大相径庭了。

与此同时，有个很有意思的问题：人们到底喜欢什么样的东西？这跟性别又有什么关系吗？

偏好与偏见

迄今为止，我们一直都在分析视觉创作，也给出了许多依据，以证明男性和女性的创作确实存在差异。而有个价值 64 000 美元的问题则跟偏好有关，问的是男人和女人对典型的富于阳刚之气和富于阴柔之美的视觉作品，分别会有什么样的反应。他们的反应会是相似的还是不同的？我从参观完摩尔画廊之后就产生了这个疑问（还记得我的清单中的大部分作品都是女性创作的吗）。这是一个至关重要的问题，因为大约 83% 的购买决策权在女性手中。目前，在许多发达国家，相当高比例的设计和广告是由男人完成的。如果女人们普遍更钟爱男人们的设计，那么现在的情况自然是最理想不过了。然而如果女人们更青睐于女性设计师的作品，那么如今的行业人员配置就不那么理想了，因为它不能最大化地利用市场的偏好。

此外，这个问题的意义并不仅仅限于购买行为，还可以扩展，应用到视觉专家们如何评判别人的视觉创意作品。不管是知名的艺术和广告竞赛、艺术与设计考试、展出委员会，还是设计师招聘和晋升考核小组，都有可能会受到自身偏好的影响而产生偏见。当然，与其说这是有意识的偏见，倒不如说这是无意识的冲动，大多数人都没有意识到自己戴着有色的眼镜。在下一章里，我们会继续探究偏好这个至关重要的问题。我们会介绍一些具有开创意义的研究，它们有史以来第一次对这个问题给出了答案。

与此同时，在我们继续进入下一个主题之前，你或许会问自己：我们所说的"设计"到底是指什么？我们在平面设计领域的发现，对其他视觉创作领域，比如绘画、建筑和装修，是否同样适用呢？这是个非常重要的问题，接下来就说说这些视觉形式之间的关系。然后，就像刚才承诺的那样，我们会讨论偏好这个令人着迷的问题。

设计与绘画是姐妹艺术吗？

如果你浏览一下纽约现代艺术博物馆（MoMa）的网站，你会发现这座以成为"世界上最重要的现代艺术博物馆"为使命的博物馆（http://www.moma.org/about_moma/），其庞大的收藏品中包括绘画、雕塑、摄影、建筑模型以及设计作品。这就意味着，在同一屋檐下，既有盛放盐和胡椒的调料瓶，又有莫奈、凡·高的绘画作品。这是不是意味着它们是姐妹艺术？

事实上，许多备受尊崇的权威人士都认为，把设计和绘画这两门学科分开是没有根据的。比如，曾任爱丁堡大学美术学教授的赫伯特·里德爵士在他的《艺术与产业》一书中，宣称"美术"和"实用艺术"本无界限，这个界限在很大程度上是机械化时代的产物。他指出，在文艺复兴时期之前，建筑、雕塑、绘画、音乐和诗歌之间是没有任何区别的。在古希腊时期，众多的艺术形式都可以用一个词"techne（技艺）"来概括。他的结论是，功利性的艺术（主要是为了实用而设计的物品）与美术作品，对我们审美感官所产生的吸引力是一模一样的。

他的《艺术与产业》一书撰写于 1934 年，你或许以为在那之后人们对于这个问题的认识发生了巨大的变化。然而，近年来理查德·布坎南也投入了这场辩论之中。他是一位美国学者，2008 年以前一直是卡内基梅隆大学的设计学教授和设计系系主任。他的观点是，设计的实用价值和它的审美价值并不冲突。为了证明这一点，他举了达·芬奇的例子。他认为，达·芬奇对机械装置的种种沉思，正是他广袤的诗意与视觉想象力的另一种表现形式。他还提到，营销部门都会告诫他们的设计师，产品的造型和外观，同它们的实用价值一样事关成败。

有些人笃信，发自情感与直觉的思考和源自理智、有意识的思考之间存在着巨大的鸿沟。他们认为，前者孕育了美术，而后者催生了设计。对于这些人来说，布坎南的观点也许并不具有太大的吸引力。然而，虽然大部分的设计师比美术家受到更多的束缚，他们需要遵从于详尽的产品设计要求，但这并不能阻碍他们创作出极富个性特色、彰显个人本性的作品。举个例子，想一想明星设计师菲利普·斯塔克最近重新设计的计算机鼠标。他用一条红线将左、右两边分别开来，从而让这项设计打上了个人烙印并充满了艺术色彩。

设计是一种创意行为，关于这个事实没什么好惊讶的。试想一下你学习写字的过程。你还记得你需要模仿和临摹的那些字母吗？如果你是在美国长大的，那么你临摹的应该是带有许多圆圈的字母。如果你是在英国长大的，那么你使用的应该是马里昂·理查德森那扁扁圆圆的字帖。再如果你出生在法国，那你学习的 r 和 s 的写法应该很有特点。然而尽管有这些繁重的训练，你写的字依然有可能十分独特，和你在学校学习的写法大相径庭。事实上，如果你对自己的笔迹是否很独特这一点仍有疑虑，不妨想一想你的签名。它是如此的独一无二，以至于经常被用来作为鉴定法律文件和交易是否真实有效的唯一参考物。

所以，我们可以看出，设计的过程其实与绘画一样，可以融入很多的自我表达。"但是，设计不是团队合作的吗？"你也许会问。是的，有些时候是这样的。但是这与从中世纪一直到文艺复兴时期的艺术实践并无区别。那时的艺术作品①也常常是由一群人共同完成的。当然了，只有大师级的画家才能把自己的名字写在作品上，然而这些大师往往也只是一个工作组的领导者而已。吉贝尔蒂、波提切利、拉斐尔、乔瓦尼·贝利尼、提香、丁托列托、委罗内塞和卡拉奇兄弟都曾经主持过十分忙碌的工作组，组里的其他艺术家则共同协助他们完成创作。这些事实可能会纠正你对孤独却有着天马行空想象力的天才的错误印象，但是，你只要想一想现代雕塑和装置艺术，就会明白这种做法一直延续至今的原因。

各种形式的视觉作品之间联系紧密，这就意味着，如果你想要对男性和女性的视觉审美之间是否存在差异这个问题一探究竟，你可以从很多平面艺术领域里借鉴研究成果，比如绘画领域和设计领域。这是很有帮助的，因为我就看到过一大批对比男孩和女孩，以及其他年轻人绘画作品的研究，其中的一部分我在前面已经简要提及。这些研究涉及许多国家，在此之前，还没有人把它们进行整合、分析。考虑到这些研究的分量很重，我还亲自做过实验去验证。我得到的证据相当重要，所以接下来我会介绍更多的细节。如果你觉得你已经被我说服了，你可以直接跳到下一章。在

---

① 原文为法文。

31

下一章，我们会探索那个价值 64 000 美元的问题：在设计领域男人和女人各自的偏好是什么？不过，如果你渴望读到更多比较两性绘画和设计作品的实验，那么请继续阅读下去！

关于形式、颜色和主题的研究

大部分对比男性和女性绘画作品的早期研究都把重点放在对比形状和颜色的使用上。19 世纪初叶，在最早的一批研究中，有一项是由阿尔伯特·凯兴斯泰纳进行的。他对比了德国男孩和女孩的绘画作品，希望能够探究男孩和女孩的画作在多大程度上还原了现实情况。他得到的结果非常有趣。在"符合真实外观"一项中，他发现男孩们远比女孩们更执着于写实。阿尔伯特还注意到，女孩比男孩更倾向于回避透视，因此，她们创作出的画作外观更为"原始"。所以，你现在应该能够明白，为什么你和你的伴侣总是因为图片的选择争论得你死我活。

这些研究中有一项出自保罗·巴拉德，它可以追溯到第一次世界大战前的 1912 年。保罗检查了不少于 20 000 幅由 3~15 岁的伦敦儿童创作的图画，他发现，在选材方面，男孩和女孩有着非常显著的差异。在 6~10 岁的儿童中，画了船只的男孩比女孩多了 1 倍。在 7~15 岁的儿童中，女孩远比男孩更倾向于勾勒植物。有多达 36% 的女孩画了植物，对男孩来说，这个数字只有 16%。

我们能否用男性对舰船十分着迷这一点，来解释我曾经的一位同事对于舰船模型的痴迷呢？这位同事是一家大型化工厂的经理，他用了大量的

业余时间来制作复杂的舰船模型。这真是发人深思。

另一项重要的研究是 1924 年由苏珊·麦卡蒂在美国完成的。她对更大的样本量进行了分析。我们之前就提到过，这项研究分析了出自 4~8 岁儿童之手的 31 000 幅画作，发现两性对题材的选择存在巨大的差异。不出所料，男孩比女孩更喜欢车辆，女孩则对鲜花、家具、家用物品和设计品更感兴趣。麦卡蒂总结说："女孩们倾向于美观，而男孩们倾向于生活中的机械和科学问题。"

在十多年之后的 1937 年，著名心理学家埃里克·埃里克森在耶鲁大学做了那项精妙绝伦的实验。他搭起了一台游戏桌，上面放了许多小木块和一些随机挑选的玩具。他让男孩们和女孩们把这个游戏桌设想成是电影工作室，把玩具设想成是演员和场景。然后，他让这大约 150 名还没有进入青春期的孩子，在桌上搭建一些激动人心的场景。孩子们总共搭建了 450 个场景。埃里克森发现（尽管他并没有把结果量化），男孩和女孩摆放木块的方式存在着巨大的差别。他是这样描述的：

> 男性：建造了塔和其他向上高耸的建筑物。他们精心制作建筑物的外部，很少会把空间封闭起来，也很少呈现身处室内的人物。
>
> 女性：建造了低矮的、环形的建筑结构。她们很关注房屋内部是否开阔、是否和谐。

再接下来是一项 1943 年的研究，还是在美国。研究者是哥伦比亚大学心理学系的伊丽莎白·赫洛克。她观察了儿童和 15~20 岁青少年的画作。在这里，她使用了一种很有意思的实验方法——她采用的画作都是孩子们自由创作的，而不是在老师的指导下完成的。

在她所观察的 462 幅画作中，她发现男孩子和女孩子在选择人物肖像还是漫画形象上存在巨大的差异。36% 的女孩作品绘制了人物肖像，仅有 18% 的男孩做了同样的选择。在男孩中间，更为流行的是漫画，33% 的男孩绘制了漫画形象，这个比例女孩只占 2%。可以预见，绝大多数男孩所画的漫画形象都是男性，只有 7% 的男孩绘制了女性漫画形象。

伊丽莎白·赫洛克的研究还揭示了另外三个重要的差别。第一个差别是印刷字体的使用。大约 30% 的男孩在画作中使用了印刷字体，相比之下，只有 19% 的女孩做了同样的选择。在女孩使用印刷字体的时候，她们也往往比男孩更倾向于对字母进行装饰，男孩则"试图更为精准地绘制印刷字体，以此暗示这是对专业人士作品的复制"。这最后的一个差别我们之前就提到过，说的是女孩更倾向于使用几何图形和有固定模式的图样。这一点出现在 23% 的女性画作上，仅有 1% 的男性画作呈现出了同样的特征。这些差别非常令人着迷，我在对比男性和女性所设计的网页的时候，也得出了许多相似的结论。

出人意料的是，在此之后，研究者们对于对比男性和女性作品的兴趣逐渐减弱，直到 20 世纪 70 年代末，一篇博士论文的问世才打破了这种局面。我们之前曾经简要地提到过，作者的名字叫玛丽亚·马耶夫斯基。她研究的是儿童画作的特点与他们的性别之间是否存在联系。她从一年级、四年级和七年级的学生中抽取了 121 人，然后把他们的画作按照 31 项特征进行评估。在这 31 项特征中，有 9 项表现出统计意义上的显著差异。虽然这看起来并不是很多，但是在之前和之后的种种研究中，都反反复复地印证了这些差异。比如，马耶夫斯基发现，女孩的画作比男孩的画作更加关注环境问题。此外，她还发现女孩更喜欢画女性形象，而男孩则更喜欢画男性形象。

我们要说的最后一个差别也相当重要，它探讨的是孩子们在画作中的线条形状。他们到底是喜欢使用直线型（由直线和棱角构成的图形）还是曲线型图案？马耶夫斯基在所有的三个年级中，都观测到统计意义上的显著性差异：女孩们更喜欢曲线型，而男孩们更钟爱直线型。这一点很重要。所以，如果以后你和你的伴侣争论，要不要买一个圆形的马桶圈（令人惊讶的是，有些非常聪明的设计师已经制作出长方形的马桶圈），亦或是争论，把彩票的奖金挥霍在购买一座包豪斯风格的建筑上，还是花在一座设有炮台的城堡上，就不妨回想一下马耶夫斯基的研究，看看你想要的物品的形状是否跟她的发现相吻合。

> **统计显著性** 是全世界的科学家普遍采用的一种检验工具，用于检验实验结果是否有可能是由偶然性造成的。如果我们说一个实验的结果显示出了统计意义上的显著差异，这就表明，这些结果出自偶然性的概率微乎其微，也就说明我们可以得出一些重要的结论。科学家们还对显著性水平的高低加以区分，由此给实验结果的可靠性制订了不同的等级。

顺便说一句，如果你认为这些有关绘画的研究都局限在西方世界里，那不妨想一想我们之前提到过的一项 2001 年在日本进行的研究。领头人是东京顺天堂大学医学部儿科学系的饭岛惠，还有 3 名她在学术上的同事也加入了研究者的行列之中。非常有趣的是，他们的研究结果，与我们讨论过的西方在儿童绘画领域的研究结果如出一辙。

他们的一项研究内容是，对比 168 名男孩和 160 名女孩（在 5~6 岁之间）的自由绘画作品在构图特点上有什么异同。结果显示，在女孩中，最常见的构图方式是把图案画在同一个平面上，排成一排。有 74.4% 的女孩是这样做的，然而只有 20.4% 的男孩做了同样的选择。男孩们更喜欢画堆起来的图案、三维的图案和鸟瞰视角下的图案。而在女孩的画作中，堆积起来的图案和鸟瞰视角的图案是极少发生的"例外"情况。

在另一项研究中，他们观察了不同颜色的蜡笔在 6 个月中的使用情况。他们对比了 146 名 5~6 岁的女孩和 143 名 5~6 岁的男孩使用的彩色蜡笔。结果发现，只有两种颜色，男孩比女孩消耗得更快，一个是灰色，一个是蓝色。女孩则明显比男孩更喜欢使用暖色系的蜡笔，比如红色和粉色。举个例子，女孩消耗了大约 10 毫米长的粉色蜡笔，男孩只消耗了 3.5 毫米。女孩还用掉了 15 毫米的红色蜡笔，相比之下，男孩只用掉了 10 毫米。

这些发现表明，女孩更喜欢使用暖色系（粉色和红色），男孩则更喜欢使用冷色系（蓝色和绿色），从而证实了其中一位作者（Minimato，1985）的一项早期研究成果。饭岛惠和她的同事们还注意到，男孩和女孩在如何着色方面也存在差别。女孩更倾向于在分散的区域里使用多种颜色，男孩则喜欢在一个特定的区域里，专注于一种或几种特定的颜色。

在最后的一项研究中，他们对比了来自 6 所不同幼儿园的 124 名男孩和 128 名女孩，他们在所画的题材上有什么异同。研究者们发现，比起男孩，女孩显著地更喜欢画某些特定的主题（鲜花、蝴蝶、太阳、人物——尤其是女孩或者女人），男孩则显著地更偏爱于绘画移动中的物体

（车辆、火车、飞机和火箭）和山峦。这些男孩所钟爱的题材几乎很少出现在女孩的画作中。他们所得到的研究结论和许多西方的研究结论有着明显而惊人的相似之处。

惊人一致的结论

所以，我们已经看到了不少有趣的研究，它们的结论相互印证，表明年轻人的视觉创作确实存在差异。在此之前，还没有人把它们放在一起研究过。不过一旦你这样做了，就会发现这些跨越了80多年、覆盖了广阔地理区域（美国、欧洲和亚洲）的研究，得出的结论却是惊人的相似。如果你想想，这其中的许多研究都采用了年幼的小学儿童作为实验对象，那么这些结果就显得更为惊人了。因为，这些孩子尚年幼，比起大一点的孩子和成年人，他们受到的社会影响非常少。

关于设计的实验

在 20 世纪 90 年代中叶，我开始对这个题目产生兴趣。在那时，尽管有大量的研究对比男性和女性的画作，却没有任何研究对比过男性和女性的设计作品。好奇心战胜了一切，在之后的很多年里，我进行了各种各样的实验，来对比两性在平面设计、产品设计和网页设计上各有什么特点。我们之前已经简要地讨论过艺术与设计系的预科生们所设计的巧克力盒。在那之后，我又对比了两性的产品设计和网页设计。在网页设计方面，我得到了许多激动人心的成果，我将会在第八章中讨论。现在，简要说一说我在对比男性和女性的平面设计和产品设计时，所使用到的研究方法。

在这两项实验中，我各选取了 12 件设计作品，6 件来自男性，6 件来自女性。设计者都是正在研习基础预科课程的学生。我让他们依照同一个设计规范进行设计，所以在一定程度上控制了他们的创作。关于平面设计的实验，正如我们所看到的那样，是叫学生们设计一个豪华巧克力盒。产品设计的实验则是叫他们设计一块墓碑。所有的设计都被拍成照片，然后使用不同的标准进行评估，以便之后进行比较。这些标准是如何制定的呢？为了消除可能的实验者偏见风险，我们引入第三方来确定标准，同时使用了乔治·凯利博士设计的"凯利方格测试"法。这包括首先对比不同的设计作品，然后确定下来它们在哪些特征上存在差异，再把出现频率最高的特征列成表格，用于对设计进行最后的评定。这些都是由第三方完成的。很重要的是，第三方应该是在设计领域之外的人，这样可以消除另一种偏见来源。最后，我挑选了14名心理学专业的学生，由他们来做这项工作简直再合适不过了。当然，我没有告诉他们这个实验的真实目的，只是简单地告诉他们这是一项有关设计的实验。

学生们按照这些标准分别给实验的设计样本打分，结果显示，男性和女性的设计作品之间存在着统计意义上的高度显著差异。这说明，这些差异极不可能是出于偶然。差异有哪些呢？研究发现，比起女性的设计，男性的设计普遍缺乏色彩，但更有线条感，也更具科技感。这个差别绝非是一星半点，用统计学的术语来说，差异是由偶然性造成的概率仅为0.1%。由此可见，这些实验发现非同小可，应当引起充分的重视。

除了研究设计作品的形式元素，比如形状、颜色和技术特征，我还做了另一项研究，来比较男性和女性使用的题材有何异同。在实验中，我让正在研读基础课程的学生们，在三家杜撰的公司中选择一家，为它设计商标。这三家杜撰的公司分别是：一家叫作"顶级香蕉"的戏剧社；一家叫作"猎人餐厅"的餐馆；最后是一家个体经营的设计公司。我一共收到了28份可分析的设计作品（有些已经完成了，有些尚未完工），其中17份出自男性，11份出自女性。我发现，在对主题的选择上，两性呈现出一些非常有趣的差异。

总共有41%的男性作品和27%的女性作品，选择了个人经营的设计公司。很多女性都选择了"顶级香蕉"作为主题，这个比例占64%，相比之下，男性中只有18%做了相同的选择。在"猎人餐厅"这个主题上，选择的男性达41%，女性只有区区的9%。通过观察选择这些主题的性别分布，我们可以很明显地看出，"顶级香蕉"这个主题更受女性青睐，而"猎人餐厅"这个主题更受男性欢迎。事实上，我对它们进行了一项统计检验

（两个独立样本的卡方检验），结果证实了男性和女性在选择主题方面，确实存在统计意义上的显著差异。这些实验结果说明了，在人们的选择中，性别是一个非常强大的影响因素。在这个案例中，随机误差率仅为 5%。

女性更喜欢画植物，男性更喜欢暴力的主题，这一发现佐证了早前比较男孩和女孩绘画的实验结果。特别是，该发现与巴拉德早前的一项实验结论相互呼应。巴拉德在实验中发现，相比于男性，女性更喜欢在绘画中使用植物作为题材。

在荷兰的特文特大学，一位教产品设计的老师，玛戈·斯蒂尔马，在 2008 年对我的研究发现进行了检验。她让 64 名学工业设计的一年级学生（44 位男性，20 位女性），去寻找两件分别由男性和女性设计的产品，然后依据我在上述实验以及在后来的网页设计实验中（见第八章）所设计的评定量表中的问题，对这些产品进行评估。斯蒂尔马所采用的问题包括：使用了多少种颜色；形状主要是弧线还是直线，或是二者兼具；是否使用了细节刻画和图样；最后是作品主题，以及男性/女性人物、植物和车辆的出现率。

她得到的结论是："我的发现与格洛丽亚·莫斯的实验发现相似。"除了颜色，在所有其他的被试元素中，都检测到了两性之间存在统计学意义上的显著差异。也就是说，她发现了如下的显著差异：多数男性更喜欢使用横线（$p<0.01$）；女性更喜欢使用图样（$p<0.05$）；二者会选用不同类型的字体（$p<0.05$）；男性更倾向于画男性，而女性明显更倾向于画女性（$p<0.001$）。即使你不是一位统计高手，这些数据也足以让你为之兴奋，因为，$p<0.05$ 说明，仅有 5% 的概率结果是由随机误差造成的；同理，$p<0.01$ 说明误差率为 1%，$p<0.001$ 则说明误差率为 0.1%。这些数据对那些笃信男性与女性完全相同的人而言，无疑是个嘲讽。

人们喜欢什么？

　　到目前为止，我们一直在讨论男性和女性的创作。现在，我们可以讨论那个价值 64 000 美元的问题了。男性和女性分别对设计有什么偏好？严谨的实验会证明他们的偏好是相同的还是不同的？

第三章

男人喜欢什么 vs. 女人喜欢什么

有多少人就有多少选择：每个人各有其正途。

——泰伦斯（罗马共和国时期剧作家）

多元观点

在许多机构中，最高级别的领导者基本都是男性，女性则受阻于垂直隔离和"玻璃天花板"效应。这是所有发达国家的通病，无论是私人部门还是公共部门，都存在这种现象。这一点得到了英国相关统计数据的证实。数据显示，在所有的管理职务中，只有 32% 是由女性掌控的；在所有的董事长职务中，女性只占了 6%。

一种说法是，机构的经理们总是倾向于聘用和他们相似的人。剑桥大学的心理测量学教授和心理测量中心主任约翰·拉斯特认为："我们都有自己的偏见，所以面试应聘者是非常主观的过程……我们需要避免招聘跟自己相似的人。"他说，这样做至关重要，因为"如果你想要一个良好的

史密斯先生，感谢您抽出时间前来，但是我们不认为您是我们需要的人。

团队，那么你需要的是各种各样性格的成员"。

　　人们倾向于招聘和自己相似的人，这在学术界被称为"同质性原则"，或者叫"认知相似效应"。当然，它影响的并不仅仅是性别。不妨想一下你身边的朋友们，你是否赞同心理学家的观点——我们往往会被与我们相似而不是不同的人所吸引？心理学家伊恩·凯利认为，在这种思维方式的指引下，最容易与我们发展关系的是那些与我们具有相似世界观的人，他称之为"社交推论"。1974 年，格里菲特和维奇通过一项有趣的研究也得到了相似的结论。那项研究可以说是现在所有真人秀电视节目的先驱。他们掏钱让 13 个人在一处辐射避难所里共度 10 日，结果发现在 10 天结束的时候，那些看法相似的人对彼此的喜爱程度最高，尤其是那些在重要问题上能够达成共识的人。

　　再来看职场方面，一位来自英国的研究员——科顿，在 20 世纪 70 年代对人们处理信息的不同方式进行了归类。他把一个极端称之为"适应型"，属于这个极端的人们倾向于依靠结构来解决问题。另一个极端他称之为"创造型"，属于这个极端的人们普遍不喜欢太多的条条框框，他们行事并不太在意现行的标准和假定。科顿等人发现，相比于风格相似的人，在这两个方面存在差异的人在交往的时候存在更大的压力。他估计，差异越大，交往需要的时间就越长，要付出的努力（压力）也就越大。

　　反之亦然。当彼此相似的人在一起工作的时候，他们之间的交往会轻松得多。比如，科顿认为，如果是在一个以精确、可靠和效率为宗旨的官僚机构，具有"适应型"人格的人往往能够在这样的体制之内如鱼得水，为他们赢得良好的口碑。而对于具有"创造型"人格的人来说，他们通常更冒险，因此也较不容易被这种环境所接受。事实上，"认知上的契合度"已经成为高级管理者决定是否辞职的唯一要素。

　　如果你把性别因素也纳入这个方程式中，问题就会变得更加复杂。举个例子，1996 年卢瑟做的一项研究显示，比起女性经理，男员工倾向于给他们的男性经理更高的评分，女性则正相反，她们给女性经理的分数高于给男性经理的分数。要知道，有研究发现，男性和女性倾向于采用不同的领导方式（男性倾向于交易型领导方式，女性倾向于变革型领导方式），所以你可以看到，人们倾向于给能够反映出自己偏好的领导风格更高的评分。这个例子说明，我们喜欢的行为无不反射出我们自己。

　　有关领导风格的问题相当重要，我决定和一名学术上的同事——林恩·唐顿，一起对这个问题进行深入的研究。我们发现，即便要求男性根据变革型的标准来考核应聘者，他们也会不自觉地使用交易型的标准。在整个招聘过程中，只有一名女性参与者，她是人力资源部的主任。她在招聘要求中明确要求应聘者具有一些变革型的特征，然而男性面试官们在面试的时候自动忽视了这些。因此，在众多的男性和女性应聘者中，最后是一名男性脱颖而出也就不足为怪了。他身上有着所有交易型领导的特征——他非常严肃，倾向于指挥和控制的领导风格，只要事物没出差错，就不会加以干涉（在文献中，这种行为被称为"按例外原则管理"）。直到他的女性接替者到来，整个机构才有了一些变革型风格的元素——等级划分不再那么森严，更注重团队合作，更富有远见，也更重视团队中的人员。

从根本上说，我们必须意识到多样性是生活的一部分，而男人和女人也和许多其他的组群一样，有时会用不同的方式看待事物。只有这样我们才能从中获益。所以，在上面所引述的那个机构的例子里，因为男性面试官们在不知不觉中把职位要求中的变革型能力替换成了交易型特征，所以该机构最后招聘了一名男性领导人，他身上具备非常典型的交易型特征，喜欢指挥和控制。按理说，这并不是该机构在当时所处的生命周期里所需要的特征。如果当时人们对于男性更加具备和欣赏交易型特征而女性更加具备和欣赏变革型特征这一点有着更为清晰的认识，那么他们本可以确保所任命的是一名具备变革型特征的领导者，因为这才是当时他们所需要的。所以，承认男人和女人的心理感知地图存在差异，远远不像许多人惧怕的那样，简单地把女性打发到幕后或是职场贫民窟。正相反，这是确保机构能够以最有效的方式利用这些差异的关键。

依此类推，回到视觉创作的问题上。了解男性和女性的视觉品味是相近还是不同，对于机构来说是至关重要的，这样他们才能集中资源，来"映射"出消费者的需求。这是市场营销的一个重要原则。从个人层面来说，我们也都需要了解男性和女性喜好的本质，这样，我们才能以最佳的方式来管理我们的人际关系和友谊。那么，男人和女人的视觉品味到底是相近还是相异呢？

在上一章里，我们已经看到，男性和女性所创作出来的视觉作品，存在广泛、稳定的差异。他们对其他人的视觉创作的喜好程度是否也存在差异呢？法国大革命时期的哲学巨匠伊曼努尔·康德的答案大概是否定的，因为他认为"审美的判断是普遍的"。然而从另一方面来说，你可能会问自己，在他的家乡柯尼斯堡小城里，康德所接触到的圈子究竟有多大呢？他似乎不太可能遇到来自远方的人，也不太可能遇到许多女人。

如果你能回忆起有些时候，你曾经对官方评判嗤之以鼻（还记得上一次图书奖或是艺术奖吗），你很可能会相当赞同这样的看法——人们的品味不尽相同，关于什么是好的品味，不存在单一的概念。《每日壁纸》杂志的创始人和前任编辑泰勒·布鲁尔认为，目前设计正在经历一个大规模的民主化进程。此外，因为国家的边界扩宽了，市场全球化了，如今我们需要取悦的潜在消费者也更多了。他说："如果消费者认为一件物品没有任何实用价值，但是很漂亮，他依然完全有权利宣称这是一件设计品。我们以前把这种物品叫作艺术品，但是现在装饰艺术已经被归在了设计的麾下。如今，一件'好的'设计品既可以是运输集装箱的图纸，又可以是俄罗斯客机上的座椅。"

设计零售商也倾向于这个观点。"我们周围的一切皆为设计。"在伦敦城中心经营一家设计店的托尔斯腾·范·埃尔滕说，"我店里的所有东西都代表了我的品味。所以，我对设计的理解其实反映的是我的品味。"范·埃尔滕出售的商品主要是当代欧洲家居用品，但是其中也不乏风格奇特的手工艺品和传统的民俗物件。设计学校也开始意识到焦点正在向消费者体验倾斜。"关于设计有一种简单的看法，认为它是一个过程，其中的每个阶段都有明确的界定。"伦敦艺术大学（原中央圣马丁学院）的产品设计课程负责人西蒙·博尔顿说，"但是在过去的 10 年里，无论是设计的驱动力，还是设计的影响力，都发生了翻天覆地的变化。以前，设计主要关注形状、功能和制造，如今它包含了许多更为柔软的东西：情感、文化、政治，等等。它的全部要义在于用全新的方式与消费者建立联结。"

我直观地意识到人与人之间的品味不尽相同，是在我受一位男性熟人之邀共进咖啡之时。他带我参观他的房子，明显喜形于色，所到之处还向我指出房屋的特色。在客厅里，天花板是橙黄色的，墙壁被涂成暗奶油色，窗帘是绿泥色与棕色相掩映。墙壁上装饰着复古的镜子，悬挂在粗重的链子下。这些镜子是他在一个拍卖会上以不菲的价格购得的。他是偶然把这些元素堆砌在一起的吗？并非如此。他解释说，他亲手挑选了这些颜色，还请了一位室内设计师来把他的想法付诸实践。如果审美观是普遍的，那么我需要给我的眼睛做个检查了。

与康德（1724—1804）不同的另外一种观点可以用一句流行的话巧妙地概括出来："情人眼里出西施。"如果我们认为有关艺术方面的见解或许是变化多端的，那么上述问题就迎刃而解了。在英国哲学家大卫·休谟（1711—1771）的著作中，他有力地表达了他的看法：美的概念因人而异。在他的散文《论趣味的标准》中，有一句名言："美不是客观存在于任何事物中的内在属性，它只存在于鉴赏者的心里；不同的心会看到不同的美。"

在这里，休谟的观点与康德的观点发生了冲突：休谟认为美存在于鉴赏者的眼中，而康德则认为审美具有普适法则。休谟的立场决定了他是一个相对主义者，或是"互动论主义者"，他强调事物与鉴赏者之间的互动作用。这两种截然不同的观点让人不禁要问，到底哪种是正确的呢？是休谟还是康德？

在做实验寻找答案之前，先了解一下现代人对此的看法大有裨益。如果你在 IT 领域工作，那么你很可能知道互联网大师雅各布·尼尔森的事迹。他是苹果电脑的研发副总裁，后来与唐纳德·诺曼博士共同创立了尼尔森诺曼集团。他的十项原则之一是"极简设计"。他认为，不管目标受众是谁，所有的网页设计师都应奉行这一原则。在他的前提假设中，这些设计原则是普适的，与康德的美学观点一脉相承。

休谟的相对主义思考方式在现代思维中也能找到共鸣。例如，新泽西拉马波学院的艺术史教授卡罗尔·邓肯就认为，美实际上不是物品固有的，它诞生于欣赏者的响应之中。正如她所写："艺术的吸引力来源于能满足人的需求——让他们感到内心愉悦，受宠若惊，醍醐灌顶，陶醉其间，敬畏不已，以及其他一切艺术所能赋予的感受。"她进一步写道："我们看重一件艺术作品，或许仅因为它的颜色曼妙，又或许它让我们回忆起了童年时的家。"其他因素也可能产生影响："我们看重一件艺术作品，还可能是因为它让我们感到紧张、喜悦或惊讶，又或许是它可以提高我们的社会地位，再或者，它以加强的形式把我们曾经历的体验表达出来。"

卡罗尔·邓肯的意思是，人们很容易就一件艺术品的价值产生分歧，因为有太多的因素会影响他们的偏好。从这一点来看，我们不难产生质疑：支撑整个精英艺术世界的价值观到底是什么？卡罗尔接下来讨论了一小部分人如何影响从公共政策到艺术教育之间的方方面面。这些人既包括收藏家和经销商，又包括博物馆和美术展览的策展人。他们是一个特殊群体，是艺术领域的守门人。卡罗尔意识到，他们的想法可能会与其他人大相径庭。这一点很重要，因为正是这些守门人，坐拥着影响舆论以及决定何为杰作的生杀大权。卡罗尔·邓肯认为艺术方面的见解因人而异，这把她划归到了"互动论主义者"的阵营中。也就是说，对她而言，美的概念随欣赏者的不同而不同。她认为，美并非是一个普遍存在的属性，而是正如那句流行的话："情人眼里出西施。"

视觉偏好是普遍的还是因人而异的？

要测试一下你属于哪个阵营，你可以回想一下是否曾经有过这样的经历：当一个人对某件物品大加赞赏时——也许是一幅画作、一栋建筑、一件外套，或者是一套沙发——你只是在心里默默地想："它真是糟透了。"如果你曾经有过这样的经历，你也是一个互动论主义者。那么性别在这里扮演了什么样的角色呢？在我受摩尔画廊经历的启发并下决心探索这个话题之前，人们在这个问题上的研究就像一片未开垦的处女地。从根本上来说，只有严谨的实验才能最终找到问题的答案，不过观察和讨论是一个很好的出发点。

2003 年，我曾经拜访一位讲师朋友特蕾莎，我们在她舒适的大学办公室里碰面。在我殷切的询问之下，她给我讲了她浴室的故事。"我们的卧室在朱伊印花布的点缀之下，笼罩在一片温润、柔和的色调中。浴室与卧室相连，所以对我来说，浴室显然也应该延续这一风格。但是我先生不同意，他想要黑色的大理石地板砖。最后我感到不厌其烦，只好妥协了。可我还是不甘心。"

从这件事中我们可以看到一些很有意思的东西。有一次我到城里去找医生做健康检查的经历，进一步证实了这些差异。当时，我好不容易才预约到体检时间。在一个完全陌生的人面前衣着单薄，使我感到有些局促不安（而且寒冷）。年轻的医生一边开始在我身上很奇怪的地方戳来戳去，一边用不经意的闲谈打破这个僵局："你是干什么的？"如果我说我是一名学者，天天都在写东西，那他大概不怎么会感兴趣。所以我需要一套新的说辞。"多年来，我一直醉心于人与人之间的差别。所以，在过去的许多年里，我都在对比男性和女性在设计创作和设计偏好两方面有什么异同。我的研究结果不出所料，正如心理学家所证实的那样，男性拥有更加优越的立体思维，不少女性则因为可以感知额外的基本色调，而拥有更优越的色彩视觉。"

我的话音刚落，医生就从他的笔记间抬起头来，向我描述了他与他太太在讨论家庭装修方案时曾进行的大战。"她很喜欢图案，我却喜欢简洁的风格。她还喜欢柔和圆润的形状，但我喜欢有直边的形状。不幸的是，当我们在讨论新的浴室应该怎么装修的时候，这些矛盾突然就激化了。她想要有纹饰的瓷砖和一面圆镜，而我只想要普通的瓷砖和一面长方形镜子。"他脸上的表情很纠结，好像回忆起了那时的不愉快，不过最终他胜利了，因为他真的没有办法忍受有图案的瓷砖。"那真是不容易啊，再说客厅……"就在这时，接待员按响了蜂鸣器，提示该叫下一位病人了。我在几秒之内就迅速地逃离了现场。然而，这段对话一直萦绕在我的脑海里。在之后的几个星期里，我的雷达又探测到了许多其他的差异。

颜色

　　这是一个应该改善健康状况的季节，为此我去看了牙医。我的牙医是一位曾在德国研习的伊朗籍女士，如今和她先生共同经营"花园牙科诊所"，从我家坐几站公交车就可以到达。这位丈夫很愉快地把整个诊所的装修都交给了他的妻子——萨南·德黑兰尼博士。有一天，在等待注射生效的时候，她告诉我她当时坚持要把门周围涂成跟牙科椅一模一样的绿色。"建筑工人找不到一模一样的颜色。最后，他们不得不先涂上一层银色，然后再涂上三层绿色，"她说，"只有那时，我才感到心满意足。"我不由得发出了几声激动的声音，来表达我心中的兴奋。

　　这件事过去之后不久，我开始了一项房屋翻新工程，因为我的房子看起来相当的老旧了。第一个阶段是翻修浴室。因为我想让它看起来明亮一些，所以我便四下寻找所需要的瓷砖和涂料。瓷砖店并不难找，然而我所买的每一块被标榜为白色的亚光砖，都透着淡淡的灰色。想找到一块纯白色的亚光砖似乎是不可能了。最终，我只好采用了一种带有浅灰色的瓷砖。

　　在这项翻新工程中，我还挑选了一些壁画和画框，用来装饰亮白色的墙壁。我之所以把墙壁涂成亮白色，是因为这样能给这个不大的房间带来焕然一新的感觉。地板是土褐色和棕色的，上面铺着绿松石色的垫子，给人一种绿松石布满了整栋房子的感觉。我还买了一些白色的画框来装饰墙壁。现在，摆在眼前的问题是：画框里应该配什么颜色的图片。我有个非常要好的朋友——彼得，他建议采用橙色和亮黄色的图片。然而在我看来，这样会让颜色变得很嘈杂，色调之间会产生冲突。我更偏爱深浅不一的蓝色和灰色，我觉得这样的颜色才能更好地融合在一起。

接下来轮到了给走廊挑选印花小地毯。我在互联网上搜索了几个小时，并没有找到任何绿松石色、浅灰色或者粉色之类的漂亮颜色，而且很少有小地毯会把一个小图案重复多次地作为饰边。市场上充斥着深灰色、棕色和黑色的小地毯，但是用这些颜色来装饰客厅就不怎么好看。我考虑过购买一块长长的大地毯，然后用捆扎带为它包边，但是可供选择的颜色还是只有黑色、棕色和灰色。

后来有一天，我在一家网站上发现了一大堆漂亮的商品，其中不少都是独一无二的手工制作品。突然之间，我发现我曾经在脑海里幻想过的那些东西，在这里应有尽有：绿松石色的垫子、一块不同寻常的桌垫——是用粉色和蓝色的羊毛拼接而成的、有手工艺感的小地毯，以及有一圈丝缎褶饰的灯罩。显然，这个秘密的商品盛宴全部来自女性运作的网站——有一家来自阿拉斯加，有一些来自缅因州，还有一些来自奥地利。我很中意这种手工艺的外观，尽管设计行业的某些部门对此相当鄙夷——我想这或许说明人的品味也是物以类聚吧。不过这只是一个假设，不到实验结束尚不能盖棺论定。现在，是时候决定在白色的画框里放什么东西了。

细节

在堪称现代世界奇迹的宜家里，我偶然发现了一块做旧而别致的玫瑰织物。我对它的设计一见倾心，因为它明显不同于店内的其他纺织品，不是那种尖锐的、轮廓分明的颜色块。它描绘的是灰色的、向上攀爬的玫瑰，全然一种印象派的风格。在织物的边缘印着设计师的名字——英加·里奥。多年来，她一直为宜家工作，她居住的地方也很靠近宜家发迹的地方——瑞典的阿姆霍特小镇。这块纺织物有大量富于印象派风格的细节，异想天开而又令人回味无穷，在画框里看起来更加赏心悦目。

让我们把这块纺织物和市场上众多其他的窗帘布进行对比——不仅仅是宜家卖的那些，还有各大著名零售商商店里那不计其数的纺织品。市场上的纺织品主要是轮廓明显的色块，以及排列得井井有条的图案，看起来比英加·里奥的玫瑰设计要僵硬得多。我当时正在对房屋进行翻新，我想要购买一些色彩明亮的窗帘，但我找到的绝大部分窗帘布看起来都很僵硬，缺乏英加·里奥那种异想天开的细节。

这样的例子有很多，我们不妨来看其中的一个：伊恩·曼金的纺织品。伊恩·曼金是一家高档供应商，在网上拥有很高的声誉。曼金本人2007年就退休了，现在接替他的是大卫·柯林奇。伊恩·曼金公司的大部分纺织品，都是在英格兰北部的一家纺织厂完工的，这家纺织厂位于兰开夏郡的伯恩利地区。在他们的网站上，柯林奇写下公司的设计理念："我们追求的是永不过时的经典简约和优雅大气。"同时，他还赞颂了伊恩·曼金是一位"榜样"，因为他的设计"一贯简约"。这种对简约的追求，在该公司轮廓分明的设计之中清晰可见。尤其是"联盟叶子空军"设计中那些条理分明的蓝色叶子图案。除了在尾部的分枝上有些曲线形，整个设计完全缺乏英加·里奥在玫瑰设计中所呈现出的那种天马行空的怪诞。还应该说一下的是，在该公司的所有设计中，这种自然的主题十分罕见，因为绝大多数纺织品上都是条纹图案。只要你说得出的，这里应有尽有："复古条纹""牛津条纹""亨利条纹""牛仔条纹""自然条纹""西装条纹"，还有"雅士条纹"！

因此，伊恩·曼金公司的纺织品和英加·里奥的作品相去甚远，和另一位女性设计师——瓦妮莎·阿巴思诺特的作品也同样相去甚远。浏览瓦妮莎·阿巴思诺特的网站，就如同进入了一个色彩鲜艳的世界，其中不乏无拘无束的想象力和丰富多彩的细节刻画。比如，在她线上宣传册的第 40 页上，有一间小型卧室的窥视图，可以看到至少有 6 块不同的纺织物紧密地挨在一起。在第 14 页和第 16 页上，也有类似的内部设计。可以看出，她的产品细节无处不在：整体设计风格、纺织品（比如在名为"黎明的合唱团"的布艺上，有一些亮线与小鸟图案相连），还有网站（在两边的绿松石布料中间饰以一条精致的、由波点构成的分界线），无不充满着丰富动人的细节。

英加·里奥和瓦妮莎·阿巴思诺特的设计风格非但不同于其他纺织品设计师，与大型公司的企业战略也不相吻合。举个例子，荷兰的消费电子产品公司——飞利浦，它的绝大多数买家是女性。飞利浦营销团队的主管却是一位高大帅气的男人，他对公司的发展有着清晰的战略。他决定把"精于心·简于形"作为公司的指导方针，这跟麻省理工学院的约翰·前田教授所提出来的"简约法则"（2006）十分接近。为了让你对前田教授的思想有个大概的了解，我列举了其中两条前田法则：

＊ 最简单的简约之道是用心割舍。
＊ 我们信仰简约。

所以，受约翰·前田教授的思想启发，飞利浦公司采用了一个了无修饰的纯白色盒子作为他们设计理念的象征。从设计角度来讲，这与英加·里奥的设计作品，以及凯特·米德尔顿所钟爱的波点风格都大相径庭。事实上，钟爱波点的并非只有凯特王妃一人。在 2013 年 7 月她诞下小王子乔治之后，她身着珍妮·帕克汉设计的蓝白相间的波点裙，在全世界媒体面前出尽了风头，此后波点商品的销量就飙升到了顶点。在"阿斯达的乔治"网站上，"波点"成为搜索量最高的词汇，一时间消费者席卷了五千多条波点裙，平均每分钟超过五条。其他带有波点的商品也销量大增，包括背心裙、高腰短裤、雪纺衬衫、短裙、背心上衣、芭蕾舞鞋，而蓝白相间的波点比基尼甚至被抢购一空！

说到夏装，在一个夏天的下午，我的朋友罗杰到我家来喝茶。当时大家都在花园里，所以他就进屋去泡茶，然后把所有的杯子和茶壶都用托盘端出来。我快速地扫了一眼，发现他挑选的那些茶杯，都是我藏在橱柜深处的茶杯。它们形状笨重，毫无装饰。我之所以还没有扔掉它们，只是因为它们是一位叔叔送的礼物。罗杰忽略掉的那些杯子，形状更为小巧，上面带有波点图案。直到后来，当我发现女性钟情于表面细节设计，男性喜欢朴素表面的时候，我才终于明白了罗杰的选择。你可能还记得伊丽莎白·赫洛克的研究，她通过比较男孩和女孩的绘画作品，发现相比于男孩，实验样本中的女孩远远更喜欢画有固定样式的图案。我和罗杰对图饰杯子的不同反应，和她的这个发现有异曲同工之妙，只不过一个是创作差异，一个是喜好差异。

实际上，这些逸事和个人经历正在逐渐形成一幅清晰的画面，它将会给我们带来重要的启示。无论是对于需要区分两性目标市场的设计师而言，还是对于我们这些需要给最亲近的人购买礼物的凡夫俗子而言，它都意义重大。送一张带有图样的生日卡片，可能会让她非常开心，但他恐怕就反应平平了。

直线

罗杰在我家做客的时候，他提到自己空余的卧室里还缺少一盏台灯，想问问我家里有没有不用的可以给他。在橱柜深处，一个隐秘的小角落里，确实有那么一台。它有袖珍的陶瓷底座，和小巧的、天鹅绒镶边的灯罩。不幸的是，灯罩上有一些污渍，在光线下清晰可见。不过罗杰还是勇敢地把它拿走了。当天下午，他就出去搜寻有没有能替代的灯罩。他回来的时候，满脸都是笑容。那个小巧的陶瓷底座上，如今安置着一个很高的多边形灯罩。在我看来，小巧的底座应该搭配一个小巧而精致的灯罩。但是罗杰并不这么想，他对现在这个管状的灯罩非常满意。

虽然我们俩的品味有天壤之别，这还不足以撼动我们友谊的根基。但如果这些差别发生在工作中，冲突可能就要爆发了，正如下面的这个故事所揭示的一样。

实用 vs. 美观

那是 2004 年，伦敦设计博物馆的负责人爱丽丝·罗斯索恩策划了一场展览，展出的是莫罗·伯拉尼克的鞋子和康斯坦斯·斯普赖的花卉。康斯坦斯并不是普通的花匠，她是 20 世纪 50 年代的激进派设计师，她向大众展现了如何用有限的资金把家里布置得很漂亮。在 1957 年出版的《简单的花卉：花几便士做百万富翁》一书中，她认为，在简单的容器（船型肉卤盘、鸟笼，甚至是深盘的盖子和烤盘）中，摆放一些简单的材料（浆果、蔬菜叶、树枝、蕨类植物，甚至杂草），就可以达到很好的效果。"我坚信，"她说，"鲜花可以成为每个人自我表达的媒介。"在她的花艺里，鲜花和植物按色彩摆放，形成一块块纯色块，其灵动优美的造型巧妙地融入周围的环境中。

对于戴森来说，这就不免有点太离谱了。这座博物馆似乎已经变成了一个"造型橱窗"，与它原本解释机械制造品的使命渐行渐远。说实话，他的观点不难理解。这个男人曾经用了 5 年之久，来完善他那著名的旋风吸尘器设计，制造了 5 127 个样品，才最终确定下来让他满意的版本。在他的脑海里，他对成功的要素有非常清晰的认识："是技术让产品充满魅力"。在他的网站上，他把设计定义为"物品的功能，而不是外观"。所

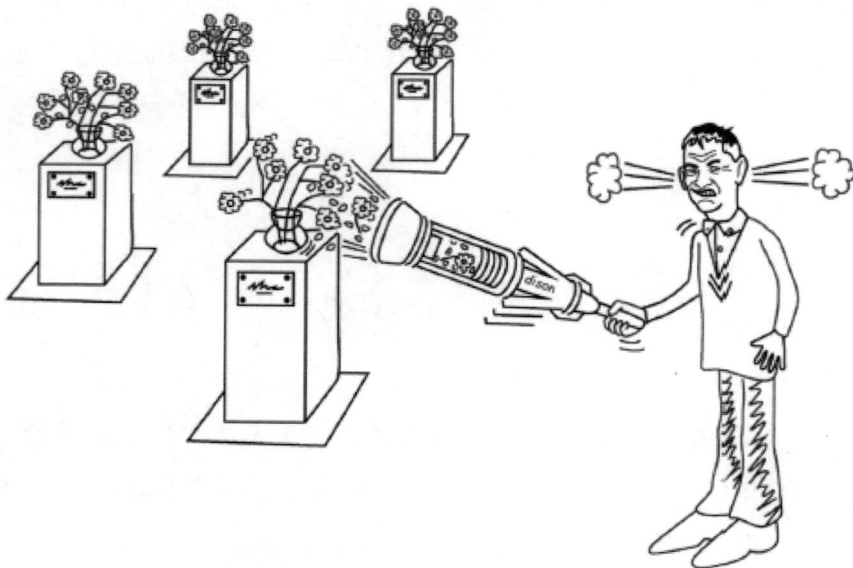

以，在戴森看来，伦敦设计博物馆已经背离了它推广以功能为主导、能够解决实际问题的设计这一初衷。由此，他认为伦敦博物馆正在"自毁声誉"和"背叛理想"。媒体大肆报道了他的怨言，直到他因为不满而从博物馆辞职之后，风波才得以平息。

当然，男性对功利主义的热爱并不始于戴森，也绝不会终于戴森。比如苏格拉底，相传，他认为物品的审美价值取决于它的实用价值。奥斯本是现代艺术史方面的权威，他编辑了许多本有关美学和艺术的书籍，包括《牛津艺术指南》和《牛津装饰艺术指南》等。在他看来，苏格拉底的观点在当代的一种发展是："如果一件物品具有优良的功能，如果它的构造非常符合功能的需要，那么这件物品一定是美的。"用一句耳熟能详的话来概括这种观点就是："功能决定形式。"这句名言出自路易斯·沙利文（1856—1924）之口。他是 19 世纪晚期芝加哥学派最具影响力的建筑师之一，被称为"摩天大楼之父"。这种观点最为著名的支持者当属瑞士的勒·柯布西耶了。他认为房屋是一台供人居住的机器，并一举颠覆了 20 世纪的房屋建筑行业。

事实上，功能和技术对男性的诱惑力在其他方面也清晰可见。我曾经和一位波兰籍男士共用一间办公室。当时，他的太太从波兰前来与他会合，因此他正在为他们二人寻找公寓。在他向我描述他心仪的公寓时，他声情并茂地介绍了房间里卫星电视插座有多少个，放电视的支架有多大，然而对房间的装修风格却只字未提。那天的晚些时候，他太太来到了我们的办公室，她激动地问了一连串的问题："墙壁是什么颜色的？""床有多大——单人床还是双人床？""地毯是什么颜色的？""房子的采光怎么样？"但他的首要专注点还是在于卫星电视插座的数量和电视支架的大小，而她只是在浪费口舌。

约翰·格雷的《男人来自火星，女人来自金星》告诉我们，男性疯狂地迷恋电视，但没有告诉我们的是，男性会明显屏蔽掉跟机械无关的其他所有信息。现在是时候对这个问题深入进行探索了：是时候让科学说话，看看男性和女性的品味是否如同种种逸事所显示的那样走向两个极端？还是逸事误导了我们。其实男性和女性的品味不存在任何实质上的差别，有两种可能出现的结果：男女审美一致和男女审美不一致，这两种可能的结论反映出过去 3000 年里人们在美学思考上的断层。哪个结论才是正确的呢？

客观评估还是主观评估

如果想要对这个关于审美价值的古老争议做出裁决，确定审美观是普遍的还是相对的，从根本上来说必须依靠实证研究。唯有实验，方能测试人们对众多不同方向的设计（比如平面设计、产品设计和网页设计）有何偏好，与此同时，要确保实验对象对实验的真实目的并不知情。此外，我们在给实验对象展示设计品之前，需要按照"性别创作审美"度量表对设计品进行评估，确定它们是带有极为典型的男性特征还是极为典型的女性特征。最后，我们还需要确保它们有同等的质量，避免人们的反应受到质量差异的影响。

在十多年里我一直在做这些实验。我测试了人们对许多不同设计产品的反应：从平面设计、产品设计、网页设计，到圣诞卡片、宜家的产品，甚至到地铁的内部设计。我的实验对象涉及广泛的人群，既有来自英国本地和海外的大学生，又有在一家市民博物馆里随机抽样的成年人和儿童。在所有实验中，男人和女人、男孩和女孩，都更偏爱同性设计的作品，这种趋势具有统计显著性。其中有一项关于网页设计偏好的实验，是我和同事罗德·耿博士共同设计完成的。他是一名统计学家，他认为实验结果"完全滴水不漏，由随机误差导致该结果产生的概率不超过千分之一"。

这些结果令人震撼，不过，正如人们所说，细节决定成败。如果你对搞清楚它们的来龙去脉不感兴趣，不妨直接跳到下一章。如果你想要了解研究方法的细枝末节，不妨去读一下我的《性别、设计与营销》。

实验：休谟 vs. 康德

我所进行的第一批实验具有开创性意义，因为这些实验有史以来首次比较了男性和女性在看到两性设计作品时的反应。为了让实验更有可信度，我需要严谨地设计实验。所以在前三项实验里，我对所有用作反应刺激物的平面设计和产品设计作品都进行了评估，以此确保男性和女性创作的作品之间确实存在差别。评估发现，两性的创作之间存在显著差别，这将对我们解释偏好实验的结果大有帮助。重要的是，我们还对这些设计品的质量进行了评估，确保了它们在质量上不存在差异。这就意味着，如果我们发现人们的偏好有什么差异，那么一定跟设计品的质量没有关系。

解决了这些问题之后，我们现在可以开始实验了！一共有三组样本，每组 12 件设计作品——都是由正在研读预科、处于基础水平的学生们完成的，所以还没有受到太多专业训练的影响。挑选者共有 74 人，男女比例大致相同，其中男性 39 名，女性 35 名。我们要求他们在每组样本中，选出三件他们最喜爱的设计。这三组样本分别是：一组平面设计，设计的是公司商标；一组产品设计，设计的是墓碑（艺术学校出的题目真是不可思议）；还有一组是包装设计，设计的是巧克力盒子（这在我们之前就提到过）。

实验结果非常让人震惊。它们清楚地揭示出，在所有的三组样本中，人们都明显地更喜欢同性设计者的作品。实验结果相当有力，由随机误差导致该结果产生的概率不超过千分之一，也就是 0.1%。由此可见，休谟认为审美因人而异这一观点更具说服力，不过在没有做完所有实验之前，就说他取得了决定性的胜利还为时过早。

圣诞节启示

圣诞节给我们的下一项实验提供了契机。在商店里，涌现出大量的圣诞卡片，我们打算对此加以利用。为了控制变量，我们决定选取题材相似、分别由男性和女性设计的圣诞卡片各两张。最终，我们选择了三张画着圣诞树的卡片，而第四张卡片描绘了屋外白雪皑皑的景色。

若要对这组样本有个大概的了解，不妨在脑海里想象这样的两幅画面。第一幅是女性设计的卡片，上面画着一棵轻松愉快、如孩童一般的常青树，金色的星星闪烁其中，白色的背景中书写着圣诞节的祝福语（节日的问候）。有趣的是，这些祝福语是用卷曲的小写字母书写的，字母穿过圣诞树的轮廓。第二幅是男性设计的卡片，上面是一片被白雪覆盖的场景。不同于女性所画的二维圣诞树，他勾勒出了一片写实的三维画面：人们拉着马和马车在雪中行走，远处是苍茫的天空和农场建筑物。

我们把这四张卡片展示给了 65 位成年人和儿童，这包括当地一家图书馆的图书管理员、商店的售货员、我的熟人（以及他们的孩子），还有一个公益活动的参与者。他们被要求选出一张自己最喜欢的卡片。结果发现，男性和女性的偏好实际上就是他们彼此的镜像：两性都明显更喜爱同性设计者设计的卡片。以下数据清楚地反映了实验结果，且又一次显示出很高的显著性水平，在 99.9% 的概率上可以断言男性和女性的反应存在差异：

女性偏好：24 位选择了女性设计的卡片，7 位选择了男性设计的卡片。
男性偏好：11 位选择了女性设计的卡片，23 位选择了男性设计的卡片。

你也许会问自己，这个样本具有多大的代表性？事实上，这项实验的样本量虽然不大，但是足以达到通过期刊审核的标准。实验的结果发表在了《品牌管理》期刊上，合著者还是莱斯特大学的心理学教授安德鲁·科尔曼。从实验对象的广泛性上来说，我们的样本不仅包括了不同国籍的人（英格兰人 / 苏格兰人、印度人、土耳其人、阿尔及利亚人、德国人、意大利人和美国人），还包括了不同职业的人（店主、图书馆管理员、律师、心理学家、企业顾问、秘书和企业家）。比起相当大一部分只使用学生做被试者的心理学实验，这个样本的异构性使得它更具代表性地反映了广泛的城市人口。实际上，可能会让你大吃一惊的是，在英国和美国，75% 的心理学调查研究都是使用学生作为被试者的。而且，虽然心理学研究人员大量使用学生，但他们总是宣称他们的结果具有普遍性。

就休谟和康德对审美的看法而言，圣诞卡片实验的结果倾向于休谟，不过在我们为他戴上胜利的桂冠之前，还需要再做一些实验。

两性日常用品偏好测试

为了进一步对比男性和女性的反应，我和营销专家嘉宝·霍瓦特博士合作，设计了一套有关设计方面的问卷，来测试人们对一系列日常生活中的设计的反应。追溯物品的设计历史是异常困难的，不过，我历时若干年时间，终于建立起了一个设计作品库，其中的设计都是由单个设计师独立完成的。嘉宝和我共同挑选了一些可以配对的物品（每一对物品都被评估为具有相似的质量和功能），这涵盖了坐垫、椅子、易拉罐、冷冻鱼的包装、圣诞卡片和地铁站设计。在这项试验中，我们让来自五个国家的受访者在1~10分的量表上对这些设计进行打分，然后询问他们喜欢／不喜欢哪些特点。我们一共访问了481人，其中英国79人，德国128人，法国137人，匈牙利69人，中国68人。受访者的性别比例基本相似。

说到这些设计，给你一些简单的描述，你应该就能够想象出它们的模样。第一对设计是坐垫，都来自宜家——这个现代设计品的百货商场。它们都是长方形，不过使用的面料差别很大——一块上面印着绿松石色、粉色、绿色和白色的花卉图案，另一块则是线条图案，上面印着纵横交错的橙色线条（不难想到，第一块坐垫是女性设计师设计的，而第二块坐垫是男性设计师设计的）。第二对设计是两把看起来差不多的儿童椅。一把上面是塑料制的红色单人座（椅子的支脚上窄下宽），另一把上面则是涂成橙色和黄色的小木凳，靠背上还绘有动物图案。实际上，这两把椅子非常相似，这有可能会减弱功能作为实验刺激物的效果。

相比之下，两组食品之间有很大的差异。先说易拉罐设计，男性设计的是一个黑色的强弓苹果酒[①]易拉罐，在方形的背景里有一个身穿盔甲的男人正在拉弓。而女性设计的易拉罐是透明的，上面印着一条旋转中的粉色带子，托起一颗印象派风格的草莓图案。再说冷冻鱼，在女性设计的包装上，鱼盘旋于半空之中，四周书写着稚气的小写字体，以此来弥补缺失的三维立体感。相比之下，男性设计的包装则凸显了对空间的使用。鱼正在游向视线以外的远方，站在一旁的是一个写实风格的渔夫形象，在这两个图案上面书写着常规大写字体。

至于圣诞卡片，我们采用的还是前几页所描述的那项实验里使用的卡片。最后一组图片展现的是伦敦地铁站的站内设计：一个是莱斯特广场站，里面有许多垂直的和成辐射状的灰色直线。另一个是大理石拱门站，在点缀着白色波点的红色拱门之下，淡蓝色和白色的条纹相互交替。前者是由一位男性设计师设计的，而后者是伦敦 270 个地铁站中仅有的 3 个出自女性设计师之手的地铁站之一！

五国偏好测试的结果如何？在这六个测试中的五个里，样本中的男性受访者对两性的设计作品喜好程度相同，女性受访者则明显更喜欢女性创作的产品，我把这种强烈的趋势称之为"同性偏好"。重要的是，正如我们之前所提到的，受访者来自多个国家——英国、法国、匈牙利、德国和中国——所以我们兴奋地发现，这些差异可见于各个国家中。如果你想要看详细的数据，可以参见下表。至于实验结果的显著性，只有在第一组设计，也就是儿童椅设计中，两性的反应没有表现出显著差异。在其他的所有实验中，男性和女性的偏好都显示出了很高的显著性差异。即便你不热衷于统计学，

[①] 强弓苹果酒：Strongbow，又译为诗庄堡。

也应明白这些数字说明了很多问题，它们的含义激动人心。

另一个有趣的发现和两性所挑选出的有／没有吸引力的特征有关。比如，男性受访者认为，在两性的设计中，能够吸引他们的是那些"简单、醒目、强劲、不复杂、传统"的设计。对女性受访者来说，她们最看重的是颜色，而且尤其喜欢红色。当受访者被问及他们不喜欢男性设计作品中的哪些方面时（不过这些受访者对此并不知情），男性受访者提到了颜色（尤其是红色设计），女性受访者则提到了"缺乏色彩""太简单了——没有图案"，以及"外观很普通"。

正如你所见，女性喜欢那些细节丰富、色彩鲜艳、图案漂亮、使用不常规（孩子气）字体的设计。她们不喜欢的是基于男性美学的设计元素，比如缺乏细节、缺少色彩和墨守成规。男性则正相反，他们恰恰会被这些元素所吸引。这表明，无论身处哪个国家或者哪个大洲，男性和女性的审美品味都可能会天差地别。

到目前为止，休谟看起来已经赢定了，不过，要想宣布他是不折不扣的赢家，还需要不可辩驳的证据。我们还需要最后一项实验，这次涉及网站设计的通用语言。

性别视觉在网站设计领域也适用吗？

截至 2010 年 6 月份，全球互联网用户的人数已经达到了 19 亿，每年还在以 20%~60% 的速度增长。这赋予网站设计至关重要的地位，因为它决定了网站是否能够吸引眼球。然而，在 2004 年，有两位来自以色列本·古里安大学的研究员——塔里亚·拉维博士和纳姆·柴可汀斯基博士指出，在网站设计方面的"研究很匮乏"。他们对受众感知的网页审美维度进行了研究，填补了这个漏洞。但是，尽管他们记录了 125 名工程专业的学生对一个网站的看法（其中包括 89 名男学生和 36 名女学生），他们既没有评估被测网站有多少男性／女性特征，又没有对样本中的两性反应加以区分。

　　没有把男性和女性的反应区分开来是一个严重的错误。举个例子，2003 年的一项研究显示，截至 2000 年，美国上网人群的性别差异已经不复存在了，而且女性明显比男性更喜欢使用网络。此外，同时期的另一项研究显示，1997—2000 年，绝大多数的新增网民都是女性。可见，女性正在成为推动互联网发展的主要动力。因此，了解男性和女性看待网站的方式是相似的还是不同的，这一点尤为重要。

　　在新世纪伊始的那几年里，我在南威尔士大学工作（原格拉摩根大学）。当时我和一位出色的统计学家合作，也就是我之前提过的同事罗德·耿博士，一起探究这个问题的答案。罗德是一名威尔士人，拥有数学博士学位，他理想的睡前读物是最新的统计学著作（对我来说就跟小说一样）。我们比较了英国两性设计的网站，随后又把范围扩展到欧洲。关于这些实验的细节，可以参见第七章。不过重要的是，结果表明，在我们所分析的 24 个因素中，男性和女性的网页设计一共在 13 个因素上显示出了统计上的显著差异。这些因素包括对颜色的使用（女性倾向于使用更多不同的颜色来书写字体）、直线型（男性设计的网站明显更为线构，而女性设计的网站明显偏爱圆润的形状）、主题（两性都更喜欢展现同性人物形象），还有基调（相比于女性，男性制作的网站基调更为严肃，而且更倾向于自我推销）。根据结果来看，不难总结出男性和女性在网页设计审美上的主要差异，这一点我们将会在第八章详细讨论。

价值 64 000 美元的问题是：毫不知情的第三方会如何看待这些典型的男性网站和女性网站？为了寻找答案，我们另外找了 64 名国际学生（38 名男学生和 26 名女学生），把我们评估为典型男性和典型女性的网站展示给他们，然后让他们按照自己的喜好对这些网站进行打分。分值为 0~20 分，且他们对实验的真实目的并不知情——在他们看来，这无非是个笼统的设计偏好实验。

几天后，我的收件箱收到了一封带有实验结果的电子邮件。我怀着兴奋的心情把所有数据浏览了一遍，发现这些数据非常激动人心。因为它们

生日快乐，亲爱的！我希望你喜欢这张去符拉迪沃斯托克的单程票！

表明，人们更趋向于欣赏同性设计的网页，这个趋势具有很强的统计显著性。好像这还不足以让肾上腺素飙升似的，研究还发现，女性拒绝任何男性审美元素（她们更喜欢女性设计网站里的形状、图片、语言、字体、颜色和布局），男性则对两性创作的形状都可以接受，甚至还更喜欢女性在网站中使用的图片。结果在 99% 的置信水平上为真。

如今来看，休谟赢了康德。这里所描述的种种实验，都强调了人们的看法之间存在很大的分歧，对于在视觉领域里什么是好的作品完全没有一致的结论。考虑到各种证据都支持休谟的相对主义立场，我们或许会感到奇怪，为什么在艺术、设计、建筑、园艺和摄影比赛中仍然有胜利者和失败者呢？那些胜利者难道不是按照评委们的个人偏好挑选出来的吗？

启示

美感是相对的还是普适的？通过我们在这里报告的种种实验，这个历史悠久的争议终于有了某种形式的定论。这个问题不再神秘，如今，强有力的研究结果表明，休谟的观点是正确的，康德的观点是错误的。休谟终于可以戴上胜利者的桂冠了。

这次探索之旅向我们揭示出，男性和女性的喜好旗帜鲜明，非同寻常。这是前所未有的发现。从本质上来讲，男性更喜欢在男性的电车轨道上旅行，而女性更喜欢在女性的电车轨道上飞驰。所以，对男性而言，最佳的电车轨道应该是直线，没有繁复的细节设计，没有冗杂的颜色，在上面能够很好地欣赏各种物品，也可以快速地移动，等等。设想一下这些可以称之为"狩猎者"的电车轨道，那么对男人来说，最完美的礼物莫过于一张到北美国际车展的车票了，又或者是到纽约市的红钩码头，抑或是到伦敦的圣凯瑟琳码头上的船坞博物馆也不错。再或者，你还可以给他买一张长途旅行的火车票，让他享受一次悠长而有趣的旅程（你最好买上返程票，如果你不想你好心的礼物被对方误解的话）。

然而，对女性而言，最佳的电车轨道应该是环形的，富于细节刻画，色彩斑斓，在上面可以很好地欣赏大自然的风光，而且尽可能不要产生任何移动的感觉。我们习惯于把鲜花送给女人，而不是男人，这并非出于偶然。因为，男性和女性钟爱的是两条平行但是不同的电车轨道，所以，把鲜花送给女人才是明智之举。

要知道，电车轨道只有在一起运作的时候才是有效的，所以你应该可以看到这些差异会带来怎样的麻烦吧。它们不仅不利于家庭和谐，而且会给公司里的男女同事造成争端，尤其是当他们对视觉构成上的差异浑然不觉的时候。最终，一些人不得不适应异性的喜好，乘坐在异性的电车轨道上，导致电车逐渐失去平衡，甚至脱离轨道。

平行轨道

如果你不了解已有强有力的证据支持视觉差异的存在，也不了解这个现象的广泛程度，那么，视觉的电车轨道这个比喻似乎就显得夸大其词了。"为什么我以前没有听说过这些呢？"你可能会问。这个问题相当合理，而我的答案是，这是偶然和流行两种因素共同导致的。"偶然"是因为完全出于一件偶然事件，才点燃了我对这个话题的兴趣，推动我挖掘过去的成果并进行相关的实验；"流行"是因为当下流行的观点是摒弃而非标榜性别差异。不过，我们正在探索的视觉领域应该是相当安全的，因为除了身高以外，视觉空间差异是公认的最为确凿的性别差异。

此外，倘若我们能更深入地了解审美偏好的相对性特点，将会给如今的形势带来新的启示。比如，在当今的展览策展人和赛事的评委中，男性的比例非常高，而他们很可能会产生"同性偏好"，这或许是为什么全世界的美术馆都被男性作品主宰的一个原因。同理，在学校里，大多数美术老师是女老师，这或许能够部分解释，为什么比起英国的男孩，女孩在17岁以上的"A"水平考试中会得到更高的分数。与此同时，在大学里获得一等学位的男生比例要比女生高，这表明，在对本科生的评估中，"同性偏好"正在抬起它丑恶的头。这个问题我在1996年发表的一篇文章中就曾经探讨过，我当时还列出了种种数据来支持我的观点。

如果我们把这些实验的结果，推广到美术馆和知名度很高的大奖赛中去，那么我们会发现，选择什么样的美术馆策展人和大奖赛评委，是绝对至关重要的。对于商业来说，选择什么样的设计师和创意人员也同样至关重要，应该根据消费者的性别和喜好来决定。因为大多数的消费者都是女性——有人估计这个比例为83%——而目前在设计行业和广告行业的大部分从业者都是男性，所以，这些行业所生产出的产品，对于它们的女性消费群体来说，并非是最佳的选择，我们应该考虑如何改善这一现状。这个问题相当严峻。接下来，我在讲到设计和广告的时候还会对此做进一步的讨论。

当然，你可以放心，我所采用的实验方法绝非反动（要煽动性别歧视）。事实上，我在这里列举出的种种证据，所能推导出的逻辑结论是，男性和女性拥有不同的视觉技能，创意形式各不相同，所以，公司同时雇用两性设计师具有重要的战略意义。这意味着，我们强调性别差异绝不是为了要贬低哪个性别，或是要把女性"降格"，桎梏在家庭角色中，而是为了突出我们需要的是双电车轨道，而不是单电车轨道。

现在，我们已经描绘出了这两条平行的电车轨道，接下来，我将探讨男性和女性为何在视觉创作和偏好上存在差异。我的许多发现都来自心理学领域，现在暂且离开一下艺术和设计的海岸吧，等到第五章再回到这些问题上来。

第四章
男女看世界的方式为何不同？

一个魔鬼，一个天生的魔鬼，教养也改不过他的天性来。

——莎士比亚

哈佛激辩

那是 2005 年 2 月，一次会议上。会议的目的是讨论为什么尽管女数学家和女科学家越来越多，却没有能够突破玻璃天花板效应。时任哈佛大学校长的拉里·萨默斯为大会致辞，他不甘于只做一位有名无实的校长，所以他打算大胆地说出自己的想法，然后鼓励大家进行辩论。他提到，在哈佛大学最优秀的教授中，男性的人数是女性的 8 倍。他把女性在科学和工程领域里的弱势地位归咎于"在最顶端，男性和女性的资质存在差别"，而歧视和社会化因素的影响则居于次要地位。

美国各地的学者纷纷发声，质疑他的观点。之后不久，他就因为哈佛大学的教职工对他进行了不信任投票而被迫离开学校。他表示，他只是希望能够"激发"一下他的听众。然而，萨默斯，这个哈佛大学有史以来最年轻的终身教授之一，错误地估计了他蹚进的水的温度。

且不谈他那句断言是对是错，我们只需要看看他所激起的强烈反应，就足以证明围绕着认知性别差异的争议究竟有多大了。男性和女性之间是否存在与生俱来的差异，这一点是学术圈对于智力问题分歧的核心所在。在这个分歧中，人们所秉持的顽固性和侵略性都丝毫不逊色于伽利略曾遭遇到的分歧。正如拉里·萨默斯所发现的，在很多圈子里讨论性别差异都会被视为异端行为，即便只是稍稍提及了一下大自然的造化，你都会立刻遭到那些坚持认为所有的性别差异都归结于社会与文化因素的人们的呵斥。他们的目的无非是为了争取机会平等，而这个政策的理念根基是人与人之间并无差别，应一视同仁地赋予他们平等机会。他们切实的关注是确保男性和女性享有平等的就业和晋升机会。

20 世纪，我们见证了黑人向白人宣战，女性向男性宣战，他们所进行的斗争无不是为了让全人类都享受平等的权利。而平等这个观念，似乎总是和另一个观念形影不离，那就是，我们所有人——无论黑人还是白人，男人还是女人，同性恋还是异性恋——都享有平等的获得成功的权利，也应该用同样的标准来给予我们评价。然而，这并不一定能带来我们所祈盼的公平的竞争环境。因为，评价标准并不总是如我们所设想的那样公正、中立。是不是要寻找一个具有推进力的领导者，一个能够从正面进行领导，在不征求团队意见的情况下也可以大胆地做出决策的领导者？比起女性，这样的标准或许更符合男性的特征。是不是要寻找一个能够把设计削减到极简，能够在产品的解决方案中嵌入简约理念的设计师？正如我们接下来会看到的，男性比女性更注重这样的品质，所以也更倾向于在自己的代表作品集里展现这些特质。因此，从本质上来讲，"最佳"人选这个概念极为复杂，而且，正如我们在上一章里所看到的那样，机构经常把最高级别领导者的特点和喜好作为遴选最佳人选的蓝本。

我们已经观察到，在男性和女性的审美创作和偏好方面，都存在视觉差异。而追溯这些差异的根源，就是价值 64 000 美元的问题的答案。

差异解释

我曾经参加过一次学术会议，这次经历让我隐隐地感觉到了寻找答案的路途必将坎坷。这次活动庆祝了一位法国社会学家在性别方面的工作。我也做了一个报告，内容是我们之前讨论过的，关于男孩和女孩在给炊具涂色上的差异。我的结束语话音刚落，立刻就有很多人举手发问："这肯定是因为在学校里，男孩和女孩被教育要以不同的颜色涂色吧？"我感到相当费解，因为我在学校里绝对没有学过应该如何上色，（更遗憾的是）我的儿子也没有学过。所以，这种认为男孩和女孩接受了不同指导的想法，实在是异想天开。后来，在茶歇时间，我无意中听到有人问："谁允许她来参加这个会议的？"我猛然意识到，在某些学术圈里，凡是试图用社会影响以外的因素来解释性别差异的声音，都会被视为异端邪说。

在接下来的章节里，我会暂且把政治正确性放在一边，认真地审视一下在解释两性视觉创作和偏好的差异时，社会因素和认知因素各有什么依据。

社会因素

为什么人们喜欢同性设计的作品？这是不是因为我们倾向于被熟悉的东西所吸引？不久之前，我曾经和一名得了全国比赛一等奖的年轻女摄影师闲聊，我们俩讨论的焦点在获奖照片上。"照片上是一个小男孩，"她说，"评委说，这张照片让他回想起了自己儿时的模样。"这个例子所反映的正是营销人员常说的"镜像原理"，即人们对于能够反映出自己某些方面的图像会做出积极的回应。所以，不难想象，因为评委在获奖作品中看到了自己的影子，所以在不知不觉中对它更为青睐。

该过程在 2004 年被捷克共和国的一项杰出研究证实。研究者是来自俄勒冈州商学院的乌尔里希·奥尔特和来自捷克共和国市场营销与贸易部的德尼莎·荷兰科娃。他们向 320 名消费者展示了印有不同人物组合的广告，然后比较了他们的反应。在这些广告上，有些印着两个女人，有些印着两个男人，还有些印着一男一女，消费者被要求说出他们的看法。

实验结果令人大吃一惊。男性和女性都更喜欢印有与自己性别相同的人物形象的广告，这一趋势具有统计显著性。尤其是女性，比起男性，她们表现出对同性形象更强烈的青睐。无独有偶，这项研究的结果得到了丰田汽车公司的一项研究的佐证。丰田公司发现，当广告上所描绘的是女司机而不是男司机时，女性顾客更容易回忆起广告中的车辆。

认知因素

> **认知**,从最广泛的意义上来讲,是我们基于对世界的观察和感受,来认识和理解事物的过程。认知能力包括语言推理和非语言推理能力(比如数学),以及日常生活中使用词语量的大小,等等。
>
> **视觉－空间认知能力**的作用是,协调我们所看到的事物和我们对自己所处空间位置的理解。这是成功进行移动的关键,然后我们才能拿到想要的东西,或者到达想去的地点。

黛安·哈尔彭是美国心理协会的前主席,克莱蒙特·麦肯纳学院的心理学教授。她曾经写过一本有关认知性别差异的著作《认知能力的性别差异》(2000)。在书中,她把视觉空间上的性别差异,描述为所有认知性别差异中最为确凿和最为持续的差异。她之所以敢这样说,是因为曾经有人做过一个详尽的回顾,内容囊括了 1995 年前发表的所有有关两性空间能力差异的文献。该研究是由瓦耶主持,一共检查了 286 篇有关视觉空间能力的文章,他们得出的结论是"男性在空间能力上具有显著的优势",以及"两性在空间能力上确实存在差异"。作者们对这些结论充满了信心,他们希望他们的研究能够"结束在空间能力方面性别差异是否存在的争论"。随后，其他的心理学家也宣称视觉空间差异极为显著。其中，剑桥大学的心理学教授、《大脑的性别》作者梅丽莎·海因斯发现，三维旋转能力是两性继身高差异之后最大的性别差异。

说一句术语。当心理学家说"视觉空间能力"的时候，他们通常是指三种类型的能力，即心理旋转能力、空间知觉和空间可视化能力。心理旋转能力测量的是人们想象三维物体在空间中旋转的能力；空间知觉是指排除干扰信息确定空间关系的能力；第三种能力，空间可视化能力一般被认为是操纵复杂的空间信息的能力。在这三种能力上，两性存在差异的证据都极为确凿。

视觉空间能力：起源与现代发展

优越的三维旋转能力，是指能够想象三维物体在空间中旋转的能力，它能为拥有者带来出色的三维视觉。你还记得考文特花园的设计师们在画三维效果的时候，是怎样如临大敌的吗？还记得男性对直线的迷恋，致使他们所使用的汉字截然不同于女书，只使用直线线条吗？女性设计师对三维图像感到相当吃力，这也许是因为她们的三维旋转能力较差，而男性痴迷于使用直线，或许是他们曾经历上千年的时光，使用三维视野追踪遥远地平线上的猎物，从而逐渐进化出这一特征。

这还不是全部。众所周知，出色的三维视野能够提高瞄准的精度。所以，鉴于男性拥有更加高超的三维能力，他们更善于引导和拦截发射物。比如，曾有一项研究，对男性和女性进行定时测试，要求受试者在一个移动的物品撞到一条固定的线的时候，按一下按键。不出所料，女性的准确度没有男性高。所以在你家谁的电脑游戏玩得更好？谁更喜欢玩飞镖游戏、踢足球或者打高尔夫球？同等重要的是，如果她喜欢波点，那么这很有可能跟她的女性祖先在几千年时光里都在采摘浆果有关；而他对直线的钟爱，要追溯到他的祖先们，曾经在上千年的时光里，盯着平坦而遥远的地平线追捕猎物。

语言能力

梅丽莎·海因斯教授比较了不同认知性别差异的强度，她发现两性在语言流畅性上的差异，明显程度大约只有三维旋转能力差异的一半。许多其他实验也呼应了这一看法，认为两性在语言流畅性上的差异不大。比如，多琳·木村教授在1992年曾发表过一篇有关性别差异的文章，她指出语言上的差异具有低"效应值"（量化性别差异强度的数值）的特点。你只需要看一下这些数值有多低，就可以理解为什么牛津大学的语言学教授黛博拉·卡梅隆，在她的《火星与金星的神话》（2007）一书中，淡化了语言性别差异。

颜色

不久之前，我去监考一场考试。在考试开始前的几秒钟，有个学生突然举手发问："不好意思，我是不是应该使用这张淡紫色的纸呢？"另一位监考官是威尔士人，他停顿了一秒便回答道："是的……但这到底是淡紫色呢，紫罗兰色呢还是紫色呢，你得去问我太太。"这是个很会讲俏皮话的威尔士人，但是他所说的话却蕴含哲理。男性和女性感知颜色的方式并不一定相同。

这其中可能涉及四个因素。第一个因素是，相比于男性，女性拥有更多种负责感知色彩的视锥细胞。而在男性的视网膜上，有大约 1.3 亿个专门用来感知黑、白两色的视杆细胞（感光细胞）。女性拥有更多的视锥细胞，这使得她们能比男性分辨出更多的颜色，并且对这些颜色加以详细地描述。所以，对他来说，色彩是"红色""蓝色"，或者"绿色"，而对她来说，则是"水绿色""淡紫色"，或者是"苹果绿"。就连最机敏的汽车推销员大概也会被搞得晕头转向。女性拥有更多种类的视锥细胞，这一事实或许也可以解释为什么女性更喜欢鲜艳的颜色。

第二个因素是，研究发现男性患色盲的概率（8%）比女性要大得多（少于 0.5%），另外至少 15% 的男性患有异常三色觉（对三基色的感知都有问题）。这些原始比例可能看起来比较抽象，如果把它们替换成数字，就直观多了。在英国，患有异常三色觉的男性大约有 400 万人，另有 200 万男性患有色盲。女性患有色盲的人数大约只有 135 000 人，二者形成了鲜明的对比。如果你计算一下美国的数字，就会发现美国有将近 900 万的男性色盲和区区 60 万的女性色盲。

有趣的是，在世界范围内，男性色盲的比例并非是恒定不变的，这个数字随着黄昏时长的不同而波动。在赤道附近，黄昏持续的时间较短，所以患有色盲的人数比例也较低。在高纬度地区，黄昏持续的时间较长，所以在这些地区色盲的发病率很高。这是不是能解释，为什么以我女性的眼光来看，奥斯陆的地铁颜色非常奇怪？栗色和浅绿色的组合，对我个人而言实在没什么吸引力。

玩笑之余，我们应该注意，不要把色盲看作是一种缺陷，很重要的一个原因是，在特定情况下，它其实是一种优势。为什么这样说呢？比起其他人，色盲者更善于识别伪装，这对于狩猎者来说是极大的优势，使他们能够从混乱的背景中更好地辨别出猎物。战争时期，色盲者还能够帮助打击敌人的防线。这就是为什么在"二战"中，军队总喜欢在轰炸机的机组人员里加入一名色盲者，他们可以识别出地面上某些特定的伪装。

有可能还存在第三个因素。在过去的 10 年，有一个重磅发现，3%~50% 的女性（也就是 96 000~1 510 万的英国女性，或者 1 500 万~2.5 亿的中国女性）在红绿色感知锥细胞之间还有第四类视锥细胞。这种额外的视锥细胞可以让女性比普通的三色觉者分辨出远远更多的色调。这也能够解释为什么美国的室内设计师——霍根太太，可以举起三个米色的墙面漆样品说："我可以看到一个透着金色，一个透着灰色，还有一个透着绿色，但是我的客户们看不出任何差别。"

第四种色素

　　或许对于那些只有三种视锥细胞的人，也就是普通的"三色觉者"而言，四色世界是什么样子的很难想象。然而，据威斯康星医学院的著名色视觉研究员杰·奈茨博士所说，单从数学研究来看，这个差别是相当惊人的。他估计，视网膜上的三种标准色彩感知锥细胞——蓝色、绿色和红色——每种可以让人眼分辨约 100 级色调。而大脑可以把这些参数以指数的形式组合，所以普通人能分辨出大约 100 万种不同的色调。英国评论家约翰·麦克龙在英国的医学期刊《柳叶刀神经学》中指出："不少女性——大约 1%——实际上是四色觉者。"除了三种基本色素（红色、绿色和蓝色）以外，她们的眼睛还能看到第四种色素。据我们所知，这一点没有男人可以匹敌。

　　麦克龙的估计是典型的英国式保守估计，而在美国，研究者们估计在所有的女性中，四色觉者的人数在 3%~50% 之间！考虑到能感知一种额外的色素所带来的巨大效果，这一重要性不可小觑。试想一下，拥有单一的视锥细胞可以分辨出大概 200 种不同的灰色，而二色视觉（拥有两种视锥细胞）能够分辨出来的颜色会迅速膨胀到 10 000 种。人类标准的三色视觉（拥有三种视锥细胞），所能感知到的色调数目会以倍数增长到几百万种。而专属于一部分女性的四色视觉，无异于开启了通向几亿种不同色调的大门。这是爆炸性的发现。如果我们把麦卡龙在医学期刊《柳叶刀神经学》上发表的文章里的信息清楚地列出来，你可以看到当人们多拥有一种视锥细胞时，所能感知到的色彩数量增幅有多大。

1 种色素 –> 200 种颜色
2 种色素 –> 10 000 种颜色
3 种色素（三色视觉）–> 几百万种颜色
4 种色素（四色视觉）–> 数以亿计种颜色

为什么四色视觉只属于女性呢？这是因为，控制红、绿两种锥细胞色素的基因位于 X 染色体上，而只有女性才拥有两条染色体。所以，只有在女性身上，才有可能在两条 X 染色体上同时激活两种不同类型的红色视锥。对于某些女性而言，她们的两条 X 染色体上也可能会有两种不同的绿色视锥。所以，如果下次你要给他买一条领带，你大可不必挑选祖母绿色或者绿松石色，买一条海军蓝色或者瓶绿色的领带就可以了。然而，如果你要给她买瓶绿色或者海军蓝色的东西，那你最好赶快跑路吧！

蓝色和红色

第四个因素（发现于 2000 年）说的是，男性和女性在受到蓝光波段和红光波段刺激的时候，会产生不同的大脑皮层反应。这一激动人心的发现与过去的观察相一致：比起男性，女性对位于光谱长波部分的红色更为敏感。当要求被试者看一片亮度均匀的范围时，女性感知到红色的时间明显比感知到绿色的时间要长（在残像研究中，所有女性和只有 50% 的男性，称他们看到了红色）。所以，人们发现女性在记忆紫色－粉色范围内的颜色时具有明显的优势，也就毫不奇怪了。

两项最新的研究证实了女性确实对粉色和丁香紫色情有独钟。第一项研究是凌雅珠博士等人在 2004 年进行的，他们发现在一系列亮度相同的颜色中，女性会挑选出丁香紫色－粉红色范围内的颜色。第二项研究是由泰恩河畔纽卡斯尔大学的安雅·赫伯特教授和凌博士在 2007 年完成的。他们测试了 208 名志愿参与者的色彩偏好，研究引起了轩然大波，世界上许多家媒体都报道了他们的发现。事实上，该实验之美在于它非常简洁。参与者年龄都在 20~26 岁之间，男女比例相等（80% 是英国白人，20% 是来自中国大陆的新移民）。他们被要求浏览覆盖了整个彩虹色调的 750 对颜色，然后单击他们喜欢的颜色。结果发现，男性最喜欢的是一种淡蓝色，而女性最喜欢的是一种偏丁香紫的粉红色。

赫伯特对实验结果感到相当惊讶。"虽然我们预料到会出现性别差异，但是我们没想到差异会这么稳健，尤其是考虑到我们的实验非常简单。"她预料英国女性会喜欢粉色，因为西方文化和玩具都把粉色看作是少女气息和女人味的象征。然而在她的实验中，比起英国女性，中国女性却对粉色表现出了更为强烈的热爱。这些中国女性成长起来的环境里，并没有类似芭比娃娃这样向女孩鼓吹粉色的商业玩具。根据这些发现，赫伯特认为，女性对粉色的喜爱与生俱来。

黄色和橙色

这些最新的实验主要关注的是蓝色和红色。然而在 20 世纪 40 年代，汉斯·艾森克曾经做过一个有关色彩研究的综述，关注到了其他的颜色。艾森克在 1955 年到 1983 年之间任英国精神病学研究所的心理学教授，也是有生之年被科学期刊引用次数最多的心理学家。在综述中，他认为黄色和橙色是最能够反映性别差异的颜色：女性更喜欢黄色，男性则更喜欢橙色。艾森克是一个饱受争议的人物，因认为人们在智力测试中的表现和他们的种族相关而闻名（或者臭名昭著）。因此，如果我们能看到这种观点也得到了其他研究者的证实，会更有说服力。走运的是，出版了 25 部色彩方面著作的艺术史学家和色彩专家，费伯·比伦（1900—1988）认为，比起黄色，男性更喜欢橙色，而女性在所有颜色中最不喜欢的就是橙色。

男性似乎相当喜欢橙色，这或许可以解释为什么那么多家公司，比如易捷航空、奥兰治公司和塞恩斯伯里超市，都使用橙色作为他们的主要品牌颜色。价值 64 000 美元的问题是，这样的颜色，对于在市场中占有极为重要地位的女性而言，是否也是最优选择呢？我个人对此心存疑虑，我认为如果换成某些其他的颜色，对这个目标市场可以产生更大的影响。

色彩的组合

颜色并不总是单独出现，那么我们应该如何比较男性和女性对颜色组合的反应呢？早在 20 世纪 30 年代，南加州大学的心理学荣誉教授乔伊·保罗·吉尔福特就曾经联手伊利斯贝斯·艾伦，对男性和女性所喜欢的色彩组合进行了对比。他们得到了具有重大潜在意义的发现，即相比于男性，女性更喜欢相似颜色的组合（也就是在色轮上距离相近的颜色）。在第九章里，在我们审视艺术领域的时候，我们还会详细讨论色彩的组合，所以现在你不妨暂且记住这一点。

现在，还有另一个有趣的问题。男性和女性对颜色和形状的关注程度相等吗？当我在梳理有关两性视觉品味的研究文献时，我偶然发现 20 世纪 30 年代初的研究表明，女性对颜色的感知在形状之前，男性则正好相反。这项研究是在剑桥大学心理学实验室完成的。那些先感知形状的人被描述为"形状主导"，那些先感知颜色的人则被描述为"颜色主导"。这是一个非常有趣的发现，我们由衷地希望这项研究能够得到重复。最起码，新的研究也许可以表明，这是否是影响女性对颜色态度的一个因素。还记得女性在 eBay 网站上做广告的时候倾向于使用更多的颜色吗？女性可能会形容自己是"特别"，而男性可能会更喜欢使用"吹毛求疵"这个词来描述女性对颜色的执着。

感知能力

　　说到吹毛求疵，有些人或许会把这个词与女性喜爱收拾东西和清理桌子上的面包屑联系起来。事实上，美国研究者埃尔文·西尔弗曼和马里昂·厄尔斯对所有的影响因素进行了记录，发现与其说是吹毛求疵，倒不如说是观察敏锐。他们让多伦多约克大学的学生记住一张满是物体的图片，然后尝试能回忆起多少（这是一个"物体记忆"测试，你小时候应该玩过类似的游戏）。在第二项实验里，他们让学生们回忆在一间屋子里看到的物体的具体位置（这是一个"地点记忆"测试）。在这两种不同形式的记忆测量中，女性的表现都大幅度地超过男性，比男性高出 60%~70%。

　　此外，在使用生态学上的有效刺激物（指的是处于复杂自然排列中的真实植物）的实验里，研究者发现女性展现出了更优越的物体记忆力（内夫等，2005）。诺森伯兰大学的尼克·内夫博士和他的同事们给 30 位男性和 27 位女性逐个地展示了 5 种不同的植物，然后让他们在 5 个不同的地点找出相同的植物。在一项实验中，女性明显比男性更快地找到目标。在另一项实验中，女性准确地找到了明显比男性更多的目标。所以，下一次当你找到你男人袜子的时候，不妨引用这项实验来说明你的技艺更胜一筹！

　　女性的感知能力是如此的出色，以至于根据畅销书《为什么男人不听，女人不看地图》所说，女性的脑部能够让她拥有在上下左右四个方向上，每个方向至少 45° 的清晰视野，因此，她周边的有效视野范围可以达到将近 180 度。这有助于解释，为什么当她一走进房间，就可以毫不费力地看到大部分男人看不到的细节。而男人拥有更优越的前方视野，可以更好地专注于视线的正前方。还记得你让他对床上搭着的 6 条不同的裙子发表看法时，他的反应吗？

场独立性

最后一个视觉空间上的性别差异是"场独立性"，也就是男性和女性能够把事物与周围环境区别开来的程度。有证据显示，男性的场独立性或许要强于女性，也就是说，男性更倾向于排除环境的影响来感知刺激物（海德，1981；哈尔彭，2000）。女性则正好相反，她们从认知上把自己与环境分离开来的能力，以及辨别出隐藏图形的能力较弱（霍尔，1984）。

这一点有什么影响？男性可以很开心地穿一套并不搭配的衣服（还记得那条领带吗），也可以很欣赏一座突兀的建筑物。比如，旧金山的金门大桥就是由一个全男性小组在 1933 年完工的。桥面的红色和海水的蓝色发生冲突，这说明场独立性确实有可能对现实生活产生影响。另一个明显的例子来自英国。位于伦敦南肯辛顿的维多利亚和阿尔伯特博物馆在 20 世纪 90 年代末，曾经打算要建设一个螺旋体的建筑物，作为博物馆的延伸部分，然而却引发了激烈的争议。该博物馆是世界上最大的装饰艺术和设计博物馆，存有超过 450 万件永久收藏品，他们希望能够扩建出一个延伸区域，来提供更多的展览空间。

这个被称为"螺旋体"的设计出自纽约建筑师丹尼尔·里伯斯金之

手。它从竞争者中脱颖而出、一举夺魁，立刻就引发了轰动。有些观察者把它比作是一堆正在下坠的纸板箱，或者用塞西尔·贝尔蒙德的话来说，如同《迷魂记》里那种希区柯克式的楼梯"。它的风格明显与旁边的 19世纪红砖赤陶的建筑风格不相称。这对于贝尔蒙德和里伯斯金而言是一个亮点，违和感是这个建筑物的魅力之精髓。在他的自传《破土》里，里伯斯金陈述道："对我而言，这不只是关乎'哇'而已，也关乎紊乱的体验，当看到全新、出乎意料的东西时，对既有体系产生的强烈冲击。"按他所说，赋予观众的感受应该是"瞬间到了一个介于已知与未知之间的地方"。

　　然而，对许多人来说，这种缺乏的相称感是一个主要的症结。随着时间的流逝，获得彩票基金赞助的可能性消失了。反对者中有一些是男性，这说明在所有的视觉品味领域里，人们的反应不可能完全如出一辙。不过，相比于男性，女性有更高的"场依存性"，这使得她们更加看重"搭配"。你只需要想想，大部分女性要比男性多花时间来为自己的衣服和房子搭配饰品，女性的"场依存性"特点便可见一斑了。事实上，我的一位女性朋友曾经发现我用了一天时间，把家具移来移去（我想要让颜色和形状达到平衡）。在那时候，我已经因为这个遭到了男性朋友们的些许指责和批评。我本以为这位女性朋友也会颇有微词，然而她实际上说的是："我也经常这样做，我丈夫认为我疯了。很高兴看到我不是唯一有这种习惯的人。"如果一个男人不能理解女性所体验到的视觉不适感，那么他很可能会觉得她的行为不可理喻，而且实在很气人！

潜在影响因素

现在，我们已经讨论了生物学因素对色彩感知的影响。1999 年，一项激动人心的研究发现，两性脑部中负责三维视觉的部分存在惊人的差异。这一部分是顶下小叶（IPL），约翰·霍普金斯大学的科学家们发现，即使在考虑到男性整体头颅和脑部体积都大于女性之后，男性顶下小叶的体积仍然比女性要大 6% 左右。他们还发现，男性的顶下小叶左半部比右半部大，而女性则正好相反。

精神科医生戈弗雷·皮尔森博士认为，右顶下小叶与人们对空间关系以及自身感觉的记忆有关，而左顶下小叶更多地涉及"感知，比如判断物体移动的速度，以及在心里旋转三维图像"。这项 1999 年的研究简单地解释了，为什么男性在三维任务中会表现得比女性更出色。如果你认识到，还有另外一个原因导致男性三维视觉较强时，这就更有说服力了。研究表明，男性双眼间距平均比女性大 5 毫米，因此，男性的双眼可以在更广阔的角度上旋转，也拥有更好的深度知觉和立体视觉。顺便说一句，较宽的目间距不仅能够提高三维视觉，而且还可以让长距离的管状视野变得更出色。女性虽然没有这个优势，但是她们有更为出色的广角视野和近距离视野。

个性

偶然有一次，我在火车上遇到了一个毕业生苏珊，这次谈话启发了我，还有另外一个因素在起作用。苏珊告诉我她打算成为一名艺术治疗师，所以正在一所小学里积累工作经验。"班上有个女孩画画非常神奇。当她生气的时候，她就会画尖锐的黑色线条。而一旦她平静下来，她画作中的直线就消失了，取而代之的是更为柔和、更波浪起伏的形状。"这正是那个缺失的要素——个性。

你还记得在"人物画像测试"中，人们的绘画往往反映出他们自己吗？正如苏珊所说，不仅仅是生理特征，心理特征也可以通过作品展现出来。有一些非常有趣的研究就探索了个性与绘画之间是否存在心理上的联系。在最早的一批研究中，有些是心理学家戈登·奥尔波特和菲利普·E. 弗农在20世纪40年代完成的。他们发现人们的个性往往能够通过表达性和创意性的活动展现出来。

差不多同一时间，另一位研究者——特鲁德·维纳，通过分析幼儿园儿童和青少年的绘画，成功地对他们进行了准确的描述。这项研究的关键是对颜色和形状的语言进行解码，从中分析出性格特征。假如一个图形的边缘尖锐，而且使用曲线的比例少于一半，那么绘画者的性格具有攻击性。假如绘画者使用了更多不同种类的颜色而不是形状，那么绘画者的性格可以被解读为充满了活力、推动力和主动性。

在特鲁德·维纳完成研究的一年以后，两名艺术治疗师，罗斯·阿尔舒勒和贝塔·哈特威克，对 2~4 岁儿童的绘画做了类似的研究。她们发现，相比那些喜欢使用直线的儿童，那些喜欢使用曲线和连续线条的儿童，性格更加依赖他人、更顺从、更友爱、更不自信，而且更热衷于幻想。类似地，比起那些喜欢画垂直的形状、正方形和长方形的儿童，那些喜欢画圆形的儿童性格更有依赖性、更孤僻、更顺从，而且更喜欢以主观感觉为导向。通过这些关联她们发现：

> 几乎每一幅儿童的画作都是有意义的，它在一定程度上是作者的自我表达。孩子们倾向于画出他们的感受和体验，而不是他们所看到的客观事物。

快进到当前。弗吉尼亚州威廉与玛丽学院的教育技术学教授朱迪思·哈里斯写道："人们在儿童绘画方面的投射性评估研究和非投射性评估研究已经有 80 年的历史了。这些研究表明，儿童的艺术创作确实有可能折射出他们的特点，比如……个性、态度、情感和行为。"

这句话出自朱迪思·哈里斯在 2007 年写的一篇非常有趣的文章。在文章中，她讨论了教师是否能从儿童的图形创作中评估出他们的性格。这项研究有三个数据来源——徒手创作的绘画、电脑制作的绘画和使用触屏数码绘画板创作的绘画。所有老师都不认识这些孩子，然而实验发现，69% 的评估都跟孩子的家长和班主任对他们的描述一致。你也许会想，识别孩子们字体之间的差异是一回事，毕竟他们还在成长时期，字体可能千差万别，而识别成年人字体之间的差异则是另一回事了。如果你是这样想的，不妨阅读一下下一节的内容，这是一项试图从囚犯的画作中推断出他们性格的研究。

监狱囚犯的绘画分析

　　英国的一项研究也得出类似的结论。该研究的被试者是一所治疗监狱——格伦顿女王陛下监狱里的犯人。研究者名叫比尔·威利，是这所监狱艺术治疗的负责人。他的计划是，通过对犯人们的艺术创作进行评估，判断这些"艺术家"们在多大程度上做好了参与团队工作的准备。虽然他从来没见过这些艺术作品的创造者们，但是他判断 10 位"艺术家"中有 5 位适合参与团队合作，另外 5 位不适合。值得注意的是，尽管比尔的判断并非任何评估过程的一部分，在 1 年之内，所有 5 名他认为不适合团队合作的犯人都被转移到了一所非治疗性监狱中。

　　比尔·威利是怎么做到如此准确的呢？比尔写道："一件艺术作品的风格和内容能够反映出其创作者的精神状态。"他还为如何解读不同的艺术元素提供了线索。比如说，负面情绪常常与灰暗的色调相关（黑色或者棕色），黄色和橙色则经常被用来抒发积极的、愉快的情绪。与此同时，纸张的左半边可视为暗指过去，右半边则指向未来。所以，如果画作的左半边呈现出黑色色调，右半边呈现出黄色色调，那么，依照比尔的解读，这表明了创作者有一段灰暗的过去，但是对未来充满希望。他还写道，图像的大小也很重要，"具有吸引力的图形会被放大，而具有潜在威胁的图形会被缩小"。所以，一旦你知道了这些规则，你就可以通过绘画特征来解读绘画者的个性了。

　　下一个显而易见的问题是，男性和女性有个性差异吗？如果他们之间确实存在差异，且创作者的个性能够在绘画中体现出来，那么这将成为影响两性平面表达的又一因素。所以，关键的问题就在于，他们的个性是否不同。

性别与个性

研究性别与个性之间的联系，就如同在性别差异方面的许多其他工作一样，是一片沼泽之地，不过，倘若有适当的安全措施，就值得蹚进去一探究竟！我们的研究团队让来自全世界 25 个国家的受访者，从写有 300 个形容词（比如好斗的、艺术的、专横的）的列表中，选出他们认为可以分别代表男性和女性的形容词。在全部的 25 种文化中，大部分受访者都认为女性"多愁善感"，而男性"热衷冒险""有统治性"，并且"有说服力"。在这 25 种文化中的 24 种里，受访者都认为女性"温柔亲切"而且"敏感"，而把男性描述为"好斗"。这些刻板印象在心理学文献中被称为性别图式，它们定义明确，无处不在。

两性在侵略性上的差别是如此之大，以至于连"性别相似假说"（该假说的观点是，两性之间的共同点要多于差异）的开山鼻祖，珍妮特·海德教授，也承认男性比女性更热衷于肢体争斗。她通过比较不同研究的结果，发现在各种各样的侵略性上，男女都存在显著差异，这包括"直接侵略""身体侵略"和"间接侵略"。这些差异相当重要，有理由假设，它们会反映在人们的绘画中。

事实上，艺术治疗师阿尔舒勒和哈特威克在 20 世纪 40 年代曾写过有关儿童绘画的文章，它们描述了如何从画作中推断出绘画者的个性来。文章称,相比于男孩,女孩的用色更为"热烈和执着",这一特征归结于女孩拥有更强烈的情感;相比之下,男孩倾向于使用浓重的色彩和垂直而粗重的笔触,这应当归结于他们的"男性化倾向"。

潜在因素

为什么会有这些行为上的差异? 这个问题最具争议。倘若我说在本书简短的篇幅里,我们不会对此做过深的讨论,我并非是在回避问题。我个人认为(不妨姑且这么说),应是先天和后天共同作用的结果,其中先天性很可能是人类进化的诱因。在本书接下来的部分里,你将会看到我为什么这样说。

天性和大脑

在《女性的大脑》一书中,医生和精神病医师露安·布里曾丹(2006)解释道,荷尔蒙在人类行为中占据主导地位。她刚开始意识到这一点的时候,还是一名学生。有一次,她向一位耶鲁大学的教授询问在某个实验中实验对象的性别构成情况。他回答说,他们从来不用女性,因为"她们的月经周期会搞乱数据"。即便如此,医疗科学界还是用了几十年之久才意识到,在医学上女性并非是缩小版的男性。"当患有经前紧张症状(PMT)

时，女性病人们试图向她们的医生或者精神病医生解释荷尔蒙会影响情绪的时候，她们都不被理睬。"

布里曾丹如今是一名性别精神病医生，在位于旧金山的兰利波特精神病研究所工作。她每年大约会治疗 600 名女性患者。在她看来，荷尔蒙可以"创造出女性的现实状况"，塑造"女性的欲望、价值观，以及她们感知现实的方式"。早期雌激素能够刺激女性脑部回路和中枢系统进行观察、交流、直觉反应、抚育和关怀等活动。"基因和荷尔蒙①在头脑里创建出一种现实，告知她们，社会联系是她们存在的核心。"虽然荷尔蒙并不会引起任何行为，但是"在特定的情况下，可以增加（某一）行为发生的可能性"。

看来我们的脑部是由荷尔蒙塑造的。所有人的脑部形态在第八周开始之前，都是女性的脑部形态（女性是天性的默认性别设置）。在此之后，一旦睾酮开始发挥作用，男性脑部就初步形成了。在 21 岁左右的巅峰年龄期，男性的睾酮量是女性的 8 倍。如果在妊娠期给非人类雌性胎儿注射睾酮，它们会产生更典型的雄性行为。

我们之前讨论过的一项日本研究也得出类似的结果。他们发现，肾上腺雄激素——一种雄性激素——分泌过剩的女孩，创作的绘画作品"在选择主题、颜色和人物上，都会展现出更强的男性特征……（画中）对人物的描述较少，充斥着暗色基调、堆垛构图、鸟瞰视角，以及移动中的物体"。画作中的女性特征，则显著地低于那些未受到肾上腺雄性激素影响的女孩。

这些结果并不出人意料。看起来，人类和某些动物在出生前后所接触到的性类固醇（主要是睾酮和雌二醇）水平，与他们的个性和空间能力密

①　荷尔蒙：女性。

切相关。胎儿时期所接触到的雄激素（雄性荷尔蒙），则会促进男性视觉产生我们所注意到的那些差异。此外，其他的研究发现，肾上腺雄性激素分泌过剩的女孩，拥有比其他女孩更出色的空间能力，尤其在心理旋转测试中会表现得格外出色。

所以，激素塑造我们的大脑。根据 2013 年 12 月发表的一项研究结果显示，两性的脑部存在显著的差异。该研究得到了美国国家心理卫生研究院的资助，它声势浩大，囊括了所有重量级的研究者，以及将近 1 000 名参与者。在研究的 10 位作者当中，有费城宾夕法尼亚大学的放射科学副教授拉吉尼·维尔马，和他的两位同事。一位是心理学教授鲁本·古尔，还有一位是精神科学、神经内科学和放射科学教授拉奎尔·古尔，二人都是宾夕法尼亚大学佩雷尔曼医学院脑行为实验室的主任。

维尔马对实验结果总结如下：

> 在分组研究的时候，我们发现，男性和女性的脑部连接结构存在与生俱来的差异。研究表明，男性脑部同一半球内前脑和后脑的连接程度要高于女性……与此同时，女性左右脑之间的连接程度更高……这能够促进分析功能和直觉功能之间进行交流。

该实验规模巨大，参与者人数不少于 949 人，其中女性 521 人，男性 428 人，都在 8~22 岁年龄段之间。样本数量是如此之大，以至于在所有研究人脑内部连接物质——"神经连接组（connectomes）"的实验中，该实验的规模都名列前茅。他们使用一种特殊的脑部扫描技术（扩散张量磁振造影），来测量水分子在神经通路中的移动情况。

有趣的是，该实验发现，两性的脑部差异在青春期之后才开始显现出来，这表明，荷尔蒙或许在其中发挥了作用。此外，尽管维尔马承认个体之间会存在些许差异，他认为实验的结论依然有很强的效力，因为这些差异是"与生俱来的"，说明"两性的脑部结构存在根本上的差异"。当然，这些实验发现究竟意义何在，目前仍有争议；不过，据这篇论文的作者们称，他们发现男性大脑半球的内部连接程度很高，而小脑半球的相互连接程度则更高，这赋予他们高效的协调系统，能够更出色地完成阅读地图等行为。女性脑部的神经连接组系统与男性正好相反，这或许使她们更善于结合分析和直觉进行思考。当然，想要证实这些潜在的结果，还有待于进一步的研究。

存在争议的领域

谈及认知行为的生物学差异，往往会在社会学和性别研究的公共休息室里引起轩然大波。因为，这对于他们的信仰——所有的性别差异都并非源于生理活动，而是源于在社会活动中所遭遇到的"被性别化"——无疑是一场浩劫。然而，加拿大安大略省麦克马斯特大学的精神病学和神经科学教授——桑德拉·威特尔森，则乐于承认两性脑部存在差异。因为她相信，是性别塑造了男性和女性的大脑，不过她也认识到，许多人不愿意接受这一事实。她恰如其分地形容说："我们中有很大一部分人想要假装这不是真的。"她对此感到"震惊"，因为"大脑的性别差异是如此的显而易见，而且它们很可能会引起认知差异"。

　　讨论性别差异是一个学术雷区，这一点也得到了另一位教授的共识。该教授是剑桥大学自闭症研究中心的主任，西蒙·拜伦－科恩。由于讨论性别差异是"政治敏感"话题，他不得不搁浅了数年之久，才最终写下了那本妙趣横生的著作——《本质区别》。如果你浏览一下另一位学者——巴斯大学心理学教授海伦·黑斯特的网站，你就应该能看出，在这个领域里，人们的观点大相径庭。海伦·黑斯特的主张是："……人们对性别差异的信仰源于父权社会的需要，在很大程度上是虚幻的扭曲。"在她看来：

　　　　性别的二元性可以映射到二元论这一更深的文化隐喻上。后者渗透于西方思想的方方面面。这两者既强化了西方思想，又同时被它所强化。若要质疑有关性别的扭曲刻板印象，则需质疑其深层次的二元论文化隐喻。

　　黑斯特教授的观点——写在一个以粉红色－淡紫色为背景的网站上！——与拜伦－科恩教授、威特尔森和布里曾丹的观点，可谓大相径庭。然而，持这种观点的学者并不在少数。梅丽莎·海因斯，我们之前提到过的剑桥大学心理学教授，《大脑的性别》一书的作者，她就对两性差异这种假设的危险性心存疑虑，她认为这会导致"刻板印象"。她对布里曾丹描绘的某些联系表示担忧，担心人们会利用这些信息"来辩驳有关男性和女性的刻板印象，都是生理决定的"。她更乐于强调"大脑是可以变化的；它无时无刻不在发生改变"（米奇利，2006）。事实上，大脑的多变性是海因斯教授和布里曾丹博士共同专注的焦点。后者指出，生理构造只是起点，后天的经历也会塑造我们的大脑。该观点得到了赖利和诺伊曼在2013年发表在《性别的角色》期刊上的一篇文章的证实。他们发现，人们的空间能力与他们对男性相关概念的认同感有关。

　　先天和后天的这种交互影响非常重要。正如我之前所提到的，我和莱斯特大学的心理学教授安德鲁·科尔曼在 2001 年合著了一篇文章，文章中我们谈到了这些问题。当时，我们展示了人们对两性圣诞卡片的不同喜好。在解释他们为什么会明显地表现出"同性偏好"倾向的时候，我们认为，用文化上的原因来解释有一定的可取之处，但是这只会让我们离真正解决这个问题又后退了一步。为什么儿童玩具和其他文化产品存在性别差异？为什么文化会鼓励男性去追求功能而非美观？这些问题依然悬而未决。我们的结论是，最佳的解决之道应该对经历和生理、先天和后天，持同样的重视态度。

　　斯坦福大学心理学荣誉教授、《两性：分开成长，一朝相见》一书的作者埃莉诺·麦科比也有相似的观点。在她看来，环境条件既可以直接影响行为，又可以通过生理过程间接影响行为。正如她所说，"人类所做的一切事情，都包含了先天和后天两种因素。"（同上，第 89 页）与此同时，波士顿大学的心理学教授莱斯利·布罗迪，在她令人着迷的《性别、情感与家庭》（1999）一书中，又使该辩论有了新的进展。这本书主要探索了男性和女性在家里表达情感的方式。她发现，某些侵略性或者主导性的行为（比如，赢得比赛）会引起睾酮水平升高，这说明，社会过程可以通过调节激素的水平来影响生理状态。当然，人类行为决定生理构造这一观点的终极例证应该是进化论了。在下面的一节里，关于进化的压力是如何塑造了视觉－空间能力，我们将会探讨一些令人激动的新看法。

进化

有一种看法是，男性和女性的视觉－空间能力，来源于他们在史前社会里的劳动分工。当时，女性负责采集食物、建造家园、抚育子女，以及保证族群的团结，男性则负责面对遥远的地平线，追踪和定位移动中的猎物。

这里指的史前时期，是从石器时代的早期阶段（旧石器时代初期），一直到大约 10 000 年前更新世结束，这之间大约有 170 万年的时光。在那之后，上一次冰河时期所导致的环境压力，迫使人类结束了狩猎者／采集者的生活方式，转向一种更为稳定的生活状态。至此，在人类进化的大部分时间里，男性和女性都已经逐渐演变出了适应狩猎者／采集者生活方式的视觉特征。

不管怎么说，这就是一些著名学者的理论。比如，我们之前曾讨论过脑部神经连接组的性别差异。该实验的两位主要研究者——拉奎尔和鲁本·古尔这对夫妻，就把这种差异称为狩猎者 vs. 采集者的差异。再有，就是大卫·吉尔里的研究，他是位于哥伦比亚区的密苏里州大学的心理学教授，同时还是《男性，女性：人类性别差异的演变》一书的作者。这本书主要介绍了认知性别差异，它简明易懂，由美国心理学协会出版，如今已经是第二版了。这本书认为，认知差异是男性和女性在应对进化压力时，所演变而来的反应。这一理论的支持者包括约克大学的心理学教授欧文·西尔弗曼，以及马里昂·厄尔斯，他在物品与记忆方面的研究我们早前已经见识过了。还记得女性比男性在找袜子方面更得心应手吗？有理由相信，人类这些行为的根源在远古时期，那时候女性会花费大量的时间采集食物，男性则外出狩猎。

狩猎者技能

成功狩猎者拥有哪些技能，西尔弗曼教授对此曾有过广泛的著述。在他 2007 年撰写的一篇文章中，他为支持自己的理论，提供了不少新的证据。同年，一篇文章横空出世，将这些狩猎者的技能与典型的男性设计特征，比如线构性、缺乏色彩、三维和专注于移动等，联系在一起。这是突破性的进展，作者是我本人、诺森比亚大学的心理学高级讲师尼克·尼夫博士，还有他的同事科林·汉密尔顿博士。

还记得我们早前讨论过的有关两性差异的实例吗？在 eBay 网上，男性广告使用的色彩较少，这是因为狩猎者的主要任务是盯着遥远的地平线（那里的一切看起来都很灰暗），所以他们并不需要颜色视觉。色盲反而弥足珍贵，可以帮助他们识别伪装，这或许能解释为什么男性色盲的比例相当高。对他们而言，颜色无足轻重，这或许是如今男性认为形式高于颜色的一个原因。

接下来，我们讨论了比起女性，男性的巧克力盒设计在形状上更有三维立体感，这或许跟男性更为出色的三维视觉有关。从进化的角度来看，出色的三维视觉有多种用途。它可以帮助狩猎者们学习路线（他们常常需要行走很远的距离，所以需要精确的定向、定位），计算遥远物体的距离，还可以帮助他们定位猎物。从一个巧克力盒的轮廓里，我们就可以看出这些重要技能的影子，真是神奇！

你或许还记得我们曾经讨论过，男性对视觉不和谐的事物有很强的容忍度吗？我们提到在伦敦和旧金山，男性设计的建筑物和构筑物都展现出高度的违和感。我们认为，男性拥有更高的场独立性。场独立性是指能够独立于周围环境来感知刺激物的能力。类似于色盲，这种能力也可以帮助狩猎者们把猎物从环境中抽离出来。想到色盲加强了男性的杀手技能，不禁让人有些不寒而栗。然而，细想一下，男性的所有视觉空间能力都拥有同样的作用。

比如，男性嗜好直线。你可能还记得那位喜欢正方形和长方形的医生，又或者是那位即便被要求使用弧线，最终还是又做了一个直边八角形设计的男生。男性对直线的痴迷，或许是他们曾长久地盯着遥远的地平线的遗留习惯，毕竟那里的一切看起来都是直的。

此外，你或者记得男性对简约和无修饰的表面情有独钟——无论是前田教授的"简约法则"，还是雅各布·尼尔森的"网络可用性规则"，抑或是那个说自己喜欢朴素外形的医生——这种偏好或许也跟史前人类的生活方式有关。因为那时，男性的狩猎者身份迫使他们在遥远的地平线上追踪猎物，在那里，既看不到细节又看不到鲜艳的色彩。

与此同时，女性在史前时期的主要身份是觅食者和儿童抚育者，这给她们留下了截然不同的印记。我们现在就来看一看这些印记。

采集者技能

你或许还记得，eBay 上的女性广告商们使用的色彩要多于男性，这一点也可能起源于史前时期。因为她们需要觅食，以及在排列复杂、跨越多个生长期的植物中找到食物，所以需要出色的颜色视觉。事实上，学者们普遍认为，人类辨认色彩的能力可以追溯到 3 500 万年以前，这有助于他们搜寻能吃的水果和树叶。我们知道，男性色盲者的比例远超女性（8% 对 0.5%），且能看到第四种色素的能力（"四色视觉"能力）专属于女性。可以认定，色彩感知和觅食的重任当时都掌握在女性手中。

如果你仔细想想，这是完全合乎逻辑的。觅食需要良好的色觉，以及识别和记忆物体的细节和位置的能力。事实上，研究者们已经充分证实，女性在这些方面拥有更优越的能力。比如，西尔弗曼和厄尔斯发现，女性在识别物体位置和记忆物体上，具备较之男性更为出色的技能。尼克·尼夫博士和他在英国诺森比亚大学的同事又更进了一步，测试了男性和女性对生态学上的有效刺激物（比如植物）的记忆力。该研究极有说服力，证明了相比于男性，女性可以更快而且更准确地找到植物。他们认为，女性强大的物体位置记忆力与采集浆果有关。或许，正是因为要适应采摘小而圆的果实，所以才导致了她们喜欢细节刻画，并且对波点情有独钟。

尼克·尼夫的研究发现非常振奋人心，所以我特地坐了 4 个小时的火车，赶去诺桑比亚拜访他和他的同事——科林·汉密尔顿博士。这次拜访促成我们合写了一篇文章，探讨男性和女性在设计方面的审美是否存在进

化的遗迹。在颜色方面，我们发现女性的颜色视觉不仅适合觅食，而且适合哺育幼子。还记得泰恩河畔纽卡斯尔大学的研究者们发现女性喜欢粉色吗？女性对粉色的高度敏感，使得浅肤色种族的女性可以从皮肤颜色中发现细微的差异，从而探知温度和情绪的变化。这种对颜色的敏感性还可以帮助她们衡量营地其他人的情绪，在男人们长时间外出打猎的时候，这项技能至关重要。

　　除了颜色，我们的这篇文章还讨论了女性对圆润形状的嗜好——还记得所有女性的巧克力盒设计都是弧线形的吗——以及这一点如何保证了女性同脆弱且时而尖叫的儿童之间的联系？事实上，女性对圆润形状的喜爱或许存在进化上的功能，著名的动物学家尼古拉斯·丁伯根注意到，所有哺乳动物的幼崽都有圆圆的、富有吸引力的面孔。

　　当然，你必须谨记，人类在上千年的狩猎者－采集者活动中的劳动分工，很可能与后来更为安定的农耕时期的劳动分工不同。据人类学家罗伯特·博瑞费尔特称，在狩猎者－采集者的年代里，女性的职责包括绘画、制陶、建造房屋，还有觅食和哺育幼童。我之所以引述这个长长的清单，并非意在怂恿女性回到儿童哺育和厨房工作里去，而是想说明，在史前时期，女性不仅仅是养育儿童的专家，还是设计师和建筑师！事实上，在《从猿到人》（1974）一书中，二位作者舍伍德·沃什伯恩教授和露丝·摩尔认为，人类的生理结构有一种适应机制，通过适应某些条件得以进化，然而如今，这些条件基本已经不复存在了。这就意味着，我们如今的生理特征依然保留着古老劳动分工的遗存，它们反映在男性和女性的视觉作品中。采集者的形态可见于圆润的形状、细节刻画、静止形态、色彩斑斓和二维形式中，狩猎者的生活方式则体现在直线型和三维的形状、暗色，以及缺乏色彩、细节设计不足，还有喜爱运动的形态上。

狩猎者和采集者的观看方式

一个值得注意的地方。并非所有的学者都同意西尔弗曼的狩猎者－采集者假说。比如，克莱蒙特·麦肯纳学院的心理学教授黛安·哈尔彭就心存疑虑。不过，该假说还是得到了许多学者的支持，而且理由充分。在我看来，这个假说值得思考，同时我们还在等待新的研究涌现出来。

现在是时候暂且把科学理论放在一边，来探究我们看问题的不同方式可以给周围的世界带来什么样的启示。在本书的第二部分，我们会援引第一部分中的科学发现，看看这对于设计、广告、建筑、互联网、美术和人际关系，各意味着什么。如今我们要离开科学的海岸了，在这里，唯有构建完善的样本，方能得出有理有据的观察结果。现在，让我们允许自己将观察的目光转向个别的例子和逸事中吧。读者当心！当你翻过这一页，进入逸事的世界中时，你就不复站在科学探索的安全海岸上了，取而代之的是并非建立在无可指责的方法之上的种种观察。这不是科学，而是对这门学科给我们周围世界带来的影响的一次探索，且内容蕴含丰富。我希望你在这些新的领域中旅途愉快。

Part II

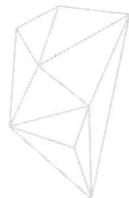

第二部分

性别视觉心理学的启示

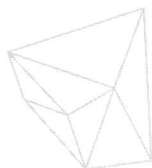

第五章

设计

你的产品每天都在"参选"，而好设计是赢得竞选的关键。

——A.G. 雷富礼（宝洁总裁）2005 年

挑选庭院家具

夏天热得要命，花园显然是用餐的最佳选择。眼下却只有一个问题：桌子和椅子都"命不久矣"，估计熬不过几个月了。我还记得当时我说道："没事儿！我去商店买一套新的来就行。"

我的房子是一座老式建筑，位于一个树木繁茂的街区。我幻想着我的新家具，它们应当是漂亮的白色，有着动人的曲线，同时不会显得太奢华。巧的是，我所去的这家当地商店是一家全国连锁超市的子品牌。这所连锁超市巨头拥有全国最大的规模，不少市镇都有两三家它的分店，因此它们的产品种类简直多不胜数，无论是油漆、木制品、园艺植物，还是庭院家具，应有尽有。当我走进商店时，自然情绪高涨，因为我以为自己可以迅速采购完毕然后回家欢享一顿户外美味。

然而事与愿违。陈列着的家具要么是木制的，要么是深褐色的，要么就是灰色的，所有家具都设计得方方正正。我想象中四边带有曲线的精巧白色桌椅完全是不着边际的想法。我面前的这些沉重的家具毫无夏天感可言。似乎是为了加重萧索的冬天感，这些过于庞大的烧烤架表面都采用了颜色极其深沉的镀铬设计，让我不禁想道：到底是谁想出这么多不同型号的烧烤架——"立式烧烤架""长方炉""四煤气头烧烤架""苹果炉"——真的有人在买吗？其中一款瑞士的四煤气头烧烤架是一排 1.5 米（4.5 英尺）长的钢管，它的产品简介赫然写着："完美的设计，为花园烧烤提供简单易用的精密功能。外观精美。"由于缺乏对此类产品的了解，我猜对有些人来说，这个烧烤架的设计简直是天堂。但到底是谁呢？

产品简介继续描述了这款烧烤架的红外线轮轴和边上几个通常被大家叫作"喷头"的煤气炉头，把它们称之为"户外厨房的微波炉"。后面还有更多的细节："喷头是一个红外线炙烤台，可以把汁液轻松锁入肉中。它也可以用于普通的烧烤和烹饪。使用时，喷头会立马产生可感受的热量，让烧烤更高效。"

这款产品简介难道是为狩猎者量身定制的吗？

从一个叫 Funny2.com 的笑料网站上，我们或许可以找到更多答案的线索。该网站上列出了烧烤的一系列准备事项清单：

1. 女人买好食物。
2. 女人拌好沙拉，准备好蔬菜、甜点。
3. 女人将烧烤用的肉备好，和烧烤用具及酱料一道放在端盘上，然后递给正躺在烤架旁沙发上的男人——他手里正端着啤酒。

4. 男人将肉放在烤架上。

5. 女人到屋里去备好盘子和其他餐具。

6. 女人走出屋外，告诉男人他要把肉烤焦了。男人谢过女人，并问她能否在他照料烤架的时候给他再来一瓶啤酒。

7. 男人将烤好的肉从烤架上取下，交给了女人。

8. 女人准备好盘子、沙拉、面包、厨具、餐巾纸和酱料，摆放在桌上。

9. 吃过之后，女人清理桌子并洗碗。

10. 每个人都对男人大加赞赏，感谢他所做的烧烤。

《观察家日报》记者迈克·鲍尔的这段思考，让我们的线索更加清晰了：

> 放眼全英国乃至全世界，烧烤架是仅剩不多的能让一个普通的家伙变成性别歧视者的地方。在这里……我们不得不面对"生物决定论"的狂轰滥炸……总将女人看作沙拉搅拌者，而将男人看作烧烤架守护人、火苗管理人，以及肉类烹饪大师！

澳大利亚的一个实验提供了具有最终决定性的线索。在一次烧烤中，一位男士问实验组内的其他男士谁将负责准备沙拉。"是你吗，哥们儿？"他向其中一位伙计提问道。答案是这样的："当然不是。那是女士负责的工作。"其他澳大利亚人估计也知道问题的答案，因为高于70%的澳大利亚家庭都使用烧烤架，而每年又约有50万新的烧烤架售出。澳大利亚国立大学教授柯林·格罗夫斯融合了这些现象做出了总结评价。据他称，对食物及火源的控制都与权力相关。格罗夫斯教授说："因为谁拥有了高级的食物——肉类，谁就将得到女性的青睐。"

烧烤架的事暂告一段落。我回到家，继续搜索我梦想中的完美桌子，想象着只需花上几分钟上网搜索就能找到。然而两小时之后，我仍然在翻找着，并开始怀疑我是否真的能找到我想要的桌子了。第二天，搜索的热情复燃，两个半小时之后，我找到了梦想中完美的白色家具。在找到这套家具之前我越过了半个地球——在南非我看到我梦寐以求的家具，但商家无法将家具运送到欧洲——所以当我终于找到眼前的家具时，我感激的心情无以言表。现在，这套家具就端坐在我的花园里，让我的花园充满了优雅的美丽气息。

天知道谁才是零售商们心目中这些现代主义野兽派作风家具的目标人群。实际上，关节炎协会曾对 2 000 人做过调查，发现女人在很大程度上决定了庭院家具的采购，因而——至少在英国是这样——那些占主导的狩猎者风格的卖相与消费者人口特征并不相符。

事实上，极少零售商店在董事会上取得性别平衡，想想也就不难理解这种现象的产生。《赫芬顿邮报》于 2013 年曾经做过一项关于零售公司董事会性别比例的调查。他们发现，只有不到 15% 的公司董事会内女性比例达到了 30%，这些公司有乐购（30.8%）、约翰-路易斯（30.8%），以及阿斯达的母公司沃尔玛，其董事会内有高达 55.6% 的女性成员。至于其余的公司，多达 20% 的公司董事会内没有任何女性成员，这一组别包括马特兰（一家服装公司），以及巨头阿卡迪亚集团（其旗下品牌有 Top Shop、Dorothy Perkins 和 Wallis 等）；30% 的公司董事会只有一位女性成员，这些公司是联合博姿公司（博姿 Boots 的母公司）、Next、亚马逊、阿尔迪超市（Aldi）、Primark（爱尔兰廉价服装零售商）和宜家。

女性成员的缺失简直令人难以置信，因为女人才是这些零售商家的主力消费者。《赫芬顿邮报》曾邀请《公司观望》的商业分析师尼克·胡德对 50 家零售商进行比较，观察男女混合的董事会和只有男性位居高层的公司之间是否存在差异。有意思的是，调查结果显示由单一男性掌权的公司比男女混合掌权的公司存在更高风险，风险系数高出 70%。至于负债率，前者更是比后者高出 100%。零售行业"资本密集、而利润空间甚微"，在消费者压力下随时可能处于亏损状态，因此胡德形容高负债率对这个行业而言是"毒药"。然而据报道，最令人震惊的当属在所有由单一男性掌权的公司中，有一半名列《公司观察者》的"危险公司"行列，而男女混合掌权的公司中仅有 16% 收到该警告。难怪要找到漂亮的庭院家具是如此困难。

了解客户

讽刺的是，商界的权威迈克尔·哈默早于 20 世纪 90 年代就在其书中明确表述过，商家的产品或服务应当根据客户"独特的、特定的需求"而设计。他说，一个组织制订市场计划的第一步就是要明确谁是自己的客户人群，而第二步才是了解这些客户的需求。当零售采购员考虑在市面上售卖家具的时候，有将性别纳入考虑范围之内吗？

事实上，大多数市场调研的数据都只采用社会经济和地理位置变量。市面上的主流市场调研报告难觅与性别相关的数据。这种现象令人困惑，因为女人主宰了 80% 甚至更多的购买决定已逐渐成为共识。帕科·昂德希尔是零售界的权威，他的客户名单就是一本零售界的《名人录》。他曾在他所著的《顾客为什么购买》（1999）一书中说道："购物仍然并将永远是女性所主导的活动。购物就是女性。"他继续写道：

> 男人会风一般地扫过商店，拿起堆放在最上方的蔬菜，没有注意到这棵蔬菜上有黑点或是蔫坏的叶子。女人则会触摸、检查，寻找最完美的那棵……女人对购物环境的要求比男人要高，并为自己能挑选到完美物品的能力而感到自豪，无论这件物品是一只甜瓜、一匹马还是自己的丈夫。

他还总结说，这种完美主义者的性格特征导致"如果零售商或者一件商品不能适应女人的需求，'物竞天择'，女人就能够淘汰某一零售店或是某一类产品"。其后果，昂德希尔警告道："就如同眼看着恐龙灭绝。"

其余评论家也意识到大多数消费者事实上为女性。例如，大卫·奥格威，世界上最大的广告公司的创建人，说道："消费者并不笨。她就是你的妻子。"波士顿咨询公司的高级合伙人迈克尔·希尔弗斯坦也曾说："如今，女人是一个家庭购物的主要代理人。市场人员需要承认这一点。"希尔弗斯坦曾于2009年生动地描绘了来自女性消费者的商机："未来几年内（女性消费者）将有5万亿美元的消费增量潜力——这将超过印度和中国市场消费经济的潜在增长量的总和。"事实上，这些潜在商机如此之大，以至于《追求卓越》和《重启思维》的作者汤姆·彼得斯曾预言在未来，女人将成为首要消费者。

这些评论家许多都来自美国。然而，不仅仅是在美国。行业顶尖评论家、《女人不容小觑》的两位作者就来自欧洲，其中阿维娃·维滕贝格 –

考克斯来自法国，而合著者艾莉森·梅特兰则来自英国。她们的书提出一句令人印象深刻的口号："性别是一个商业问题，而不仅仅是'女性问题'。"在她们的表述中，性别具有商业战略上的重要性，而不仅仅是道德重要性。她们说："对女性才华的低估将影响一家公司的盈利状况。"而我对设计和市场营销的研究也证明了这一点。

这股（关于女性消费者的）思潮起源于人们意识到作为消费者，尤其是女人，举足轻重。早在 20 世纪 90 年代，我就发现了这一问题，当时只有极少量的数据涉及消费者性别，也鲜有研究者设计实验来探寻答案。从英国人的消费习惯作为切入点，在分析了《目标群体指数》和《家庭支出调查》（一项关于英国 7 000 个家庭的调查）后，我发现在以下几个行业中女性将成为主导消费者：

男人作为主要消费者或是决定者的产品

酒、庭院用具、汽油、唱片和 DVD 影片、运动产品和摄像机、电脑、冰箱、洗衣机以及单反相机。

女人作为主要消费者或是决定者的产品

食品杂货、家庭日用、书本、瓷器和玻璃器皿、化妆品、厨房用品、家具、巧克力、珠宝、相机、小家电、文具和玩具。

当然对于某些产品类别来说，男人和女人在购买和决策过程中发挥的影响相同，比如通信产品、网上银行、高等教育，以及我们之前所提到的绿色电力。

当我们将目光从英国移到美国，我们发现女人被描述为"主要市场"，她们所控制的"财富数量史无前例地多——个人消费者及商业支出的总和达到 7 万亿美元。更贴切地说，她们所控制的财富数额高于日本的经济总额"（瓦尔纳，2005）。女人的财力让《经济学人》创造出了一个新词："女性经济"；类似地，丹麦的国际贸易权威本雅·斯蒂格·法格兰将之称为"她经济"，并指出"更多的女性担任领导人意味着企业盈利更有保障"。本雅也提到，许多其他评论家在他们的作品中也涉及女性巨大的购买力。他们预言未来 10 年内，在美国女人将掌控三分之二的个人消费者财富。

这些数据很关键。一旦公司真正了解他们的客户是谁，他们就能根据目标群体做出最佳市场策划。相反，如果公司只一心埋头于客户和市场，他们就无法瞄准真正的对象。在与大公司合作的过程中，我惊奇地发现，只有少数大公司对他们的消费者的人口特征有充分的了解。因此 2007 年，当一所全球汽车供应商邀请我对他们的网页设计开展专题研讨会，我的首要问题就是请他们将目标客户按性别进行分类。数周之后，一所小营销策划公司提交了一份潦草的报告，报告中甚少关于消费模式的定量数据。难怪这所公司的网站看起来非常男孩气：它们在方形的背景上摆满闪亮的轿车照片，这和许多足球网站类似。于是在研讨会中，我向该公司传达了这个重要的信息：新购车者中多于半数为女性消费者。该公司采取了行动，改变了网站的外观，换上了女人打开汽车后备厢、等待路障救援的图片。当然他们用的永远都是二十岁出头的年轻女孩的图片（男人们可以大饱眼福了），但以上改变是了解市场、反映市场趋势所迈出的第一步。

事实上，汽车市场是如此重要，以至于公司花上数月来考虑产品设计是否符合用户人口特征的变化也不为过。从汽车产业切入，我们将会继续观察其他行业。在下一章，我们将会关注广告行业，并研究这个行业是否善于顺应不断变化的人口特征。现在，让我们回到汽车行业，思索一下我在这里遇到的人们的态度。它们是否典型呢？

汽车业

我在这所全球性汽车公司所遇到的问题似乎并不特别。据日产汽车公司执行副总裁安迪·帕尔默说，一半的女性消费者都对她们的车感到不满意，也不喜欢汽车销售流程（问题就出在男性化的汽车陈列厅内销售人员喋喋不休）。他还说他所在的这个行业"让世界上最大也是最具有影响力的消费群感到失望"。绝大多数的汽车由男人设计，仅有在罕见情况下你会遇到几款（据有些人估计，非常罕见）出自女性设计的车。

安迪·帕尔默并不是唯一一位指出女性购车者"巨潮"出现的人。据法国特恩斯市场研究公司汽车部门的文森特·杜普锐估计，女性在购车中扮演着重要的角色："在法国，每两位驾驶者之中就有一位为女性。女性占据了新车市场份额的三分之一。"（标志雪铁龙杂志，2008）在法国，女性还占据了汽车主要使用者的 40%。

在英国，皇家汽车俱乐部（RAC）的技术部主管大卫·比兹利透露，关于驾驶员人口特征变化的最新报告显示，1995—2010 年间持有驾照的女性人口数量上升了 23%，同一时期年轻男性驾驶员的数量在下降。按他的话说，这是一个全新的情况，因为"过去直到相对最近的时间段内，男性驾驶员的数量总是多于女性"。他承认，此前的状况导致"汽车的设计出现一定程度的（性别）偏见"。但要改变这种偏见容易吗？

现在，福特已为女性设立产品顾问小组，而雷诺的顾客知识部门和通用的内饰设计部门都由女性主管。虽然有了以上突破，但正如日产的安迪·帕尔默所说："总的来说汽车行业并非'女性友好型'行业。"英国皇家艺术学院汽车设计硕士项目的课程负责人大卫·亚曼显然也赞同这种看法。他说，汽车行业内盛行男性文化，如果女人"想成功就不得不忍受一个充满男生和汽车玩具的世界"。

提醒公司要改变的明显信号也可能产生误导。例如，著名的设计师简·普瑞斯特曼曾担任捷豹的设计顾问，她告诉我她当时只被允许为车内装饰设计提供建议。类似的经历也发生在安妮·阿森西奥身上。安妮·阿森西奥于 2000 年被任命为雷诺中型车的设计主管，后来她跳槽到通用汽车公司，担任通用品牌工作室的设计师主管，负责凯迪拉克、雪佛兰、别克、庞蒂亚克、奥兹莫比尔和吉姆西品牌。然而，在她离开通用之时，她的头衔早已变为内饰部的执行理事。这表明，通用公司将她放在了一个专注于内饰设计的职位。她的命运与英国的简·普瑞斯特曼大同小异。考虑到行业内女性的职位，她于 2007 年在布拉格所举办的"欧洲汽车行业新闻大会"上表示，如果汽车行业在产品决策过程中没有更多女性的参与，它可能将变得无足轻重。她告诉与会人员："这个行业不是需要针对女性的设计，而是需要来自女性的设计。"

这意味着什么？来自雪铁龙款式中心的色料设计师瓦拉瑞·妮可拉认为："女性与男性的期望不同。她们更倾向于选择以下特性，如安全性（尤其是孩子的安全）、经济型、保护环境、易于保养、娇小的车身、便捷和容易操作。当然，女性对于轿车的造型更敏感，她们关注外形甚于轿车的马力和表现。"数据证明妮可拉是正确的。根据 Girlmotor.com 网站的调查，超过 80% 的女性驾驶员仅仅根据颜色来选择她们的第一辆车。汽车杂志记者、播音员昆汀·威尔森说：“颜色是车的卖点。”因此，商家理应更注重车的配色。

谈及颜色就涉及轿车的造型，而这个领域几乎总是为男性所垄断。还记得福特为女性设立的产品顾问小组吗？这个顾问小组关心的问题几乎都为实际操作问题，如汽车的操作系统，以及仪表盘是否可触及。考虑到新的视觉科学已证明男女审美有别，而女人却甚少参与到轿车外观的决定中，这或许是一个大错误。既然 99.9% 的轿车都由男人设计，我们已经知道男人设计的轿车是怎样的。那么，女人设计的轿车是怎样的呢？就我所知，目前只有一辆由女性设计的轿车已投入大批量生产中，另有两款概念车问世——一款来自沃尔沃，一款出自一位法国艺术家之手。这些设计都为汽车行业带来了罕见的奇妙视角。

先谈谈那款商用车。宝马 2009 年的 Z4 系列跑车外观是由朱莉安娜·布拉西设计的。她此前在德国攻读世界上最古老的设计学位之一——普福尔茨海姆大学的交通工具设计。这款跑车不仅取得了商业上的成功，同时也绝对是出色的设计作品。她说道：“如果一辆轿车想要打动人、想要更性感，它就应当使用人的语言而非产品的语言。”她以车身上的两条线条来举例佐证：“总的来说，我想让车身看上去更为匀称、更为扁平。”“我们设计一条线从车灯延伸至车身两侧，另一线条则非常的短，突显车身的比例。这两条线条完美契合。”重要的是，两条弧线并置而非构成单一直线，形成奇妙的对比。

另外的两款概念车比这款商用车早几年问世。2004 年时，沃尔沃所生产的一款轿车突破常规，轿车 80% 的部件由女人设计。沃尔沃管理层中只有十分之一为女性，而在它的母公司福特，女性高管人数达两倍之多。因此，从女性的职业机会角度来看，这家公司并不出彩。然而，该公司在欧洲女性市场低迷的销售额促使了概念车项目的实施。看来，低销售量可以成为公司改革的重要契机。

新的概念车是怎样的呢？汽车生产商为了吸引女性用户，都将功夫集中在增添实用的新功能上。比方说，在车身表面刷上防尘涂层，其原理和不粘锅的涂层相似。这就意味着灰尘将很难附着在车身表面，即使粘上了也很容易清洗。沃尔沃这个简单的创意是受到纽约垃圾卡车表面涂料的启发。其他巧妙的新特性还包括车身内专为雨伞、钥匙和硬币等设计的隔层，以及可以像电影院座椅那样折叠的后座。车门是鸥翼式设计，便于爬入车内。他们甚至在喷嘴附近开了个小孔，让你倒入玻璃水。

当然，并非所有的新设计都是出于实用性考虑的。有些独一无二的特点之所以存在，纯粹是因为审美上的价值。比如，根据车内装饰和布局变化，看上去为银灰色的车顶材料说不定就从绿色变为金色，或从蓝色变为黄色，还有哪辆车能做到这一点呢？又有哪辆车能给你提供多套地毯和椅套选择以应付不同场合和不同天气呢？

你大概会觉得这次突破只是出于偶然，并且我们不应该仅依靠这一款车的情况推测女人的喜好，那么你就错了。要记得，Girlmotor.com 声称，多于 80% 的女性仅仅根据颜色来选择她们的第一辆车。由于在汽车行业工作的女性数量是如此之少，我们不得不从其他途径来摸索女性的喜好。

高雅的巴黎孚日宫内正藏着一些宝贵的线索。孚日宫墙上的画作绘着颜色艳丽的花儿。咖啡桌上摆着剪贴本，描绘的是艺术家的平生，龙飞凤舞的手写字迹讲述了赛琳·舒蕾 16 岁举行艺术处女展、24 岁成立这家画廊的非凡成就。同时，他们还透露你绝对想不到的事情，那就是她曾经受克莱斯勒公司委托，为克莱斯勒 PT 巡逻车作画。其结果自然与你在任何汽车展览厅所能看到的截然不同。如果你好奇心旺盛，就可以在她的个人网站（www.chourlet.com），或是亲身到底特律的克莱斯勒博物馆一窥究竟。底特律是汽车行业的中心，20 世纪约有 100 万辆汽车在底特律生产。然而，即使是在底特律，这样的作品也是前所未有。

　　首先，轿车被层层鲜花覆盖着。为什么不这样做呢？赛琳将这辆车称为"车轮上的花园"，将创造了这辆车的工作室称为轿车的"美容院"，而她自己则是"车的裁缝"。或许有些读者会对这种做法退避三舍，但他们至少可以清楚地看出，这与汽车杂志上常见的自我沉醉于技术术语、富有攻击性的图像不同。例如，以下是《加拿大驾者》杂志中对同一辆汽车模型的描述："这辆'一身匪气'的车，鼓起的护板重重包围车身，迎宾踏板呈喇叭状展开，尾翼扩大，车尾灯形如子弹，铬黄的门把手秀色可餐，是超值选择。"

　　正如你所见，两种介绍方式天差地别。对此我们不该判定孰好孰坏。我曾与一位毕业于牛津大学心理学博士的俄罗斯市场调研专家聊天，以上所述的男人和女人品味上的差异成为我们关注的重点。"我发现我所认识的女性都喜欢日产玛驰 (Micra)、日产费加罗，以及宝马迷你型这样的车。这些车既小又圆。"他接着说道："虽然从技术方面来看都是好车，但就算给我钱我也不会选择这些车。"而他的同事安东尼，一个刚从人机交互专业毕业的研究生点头赞同。"这些看上去不像正儿八经的车——更像玩具。一辆真正的车应该像兰博基尼的康塔奇一样。"这是一辆男生自己的车，是那种《武打明星》动画里一定会出现的车型。

　　或许随着时间推移，这个已被设计好的世界将会更好地反映不同的审美世界，而作为消费者的你将会有更多样的选择。与此同时，汽车行业正在经历一段艰难的时期。2013 年，欧洲出现了有史以来最低的汽车销售额，各项数据的解读也预示了萧条的景象。当本书作者于 2013 年 9 月对此书做最后润饰之时，欧洲汽车制造商协会公布 1 月至 8 月期间新牌照颁发数量下降了 5.2%，即减少了 780 万辆新车。某些国家所遭受的打击尤为严重。在西班牙，销售量下降了 3.6%；德国下降了 6.6%；意大利下降了 9%；法国则下降了 9.8%。累积起来，菲亚特、福特、通用汽车和标致预估 2013 年在欧洲亏损 50 亿欧元。有意思的是，像宝马、奔驰、捷豹、路虎这类高档品牌销售量却是上升的，这说明衰退并非不可避免。

汽车就先谈到这里。家庭用品的情况如何呢？对于使用者来说它们是否完美？

日杂用品

在我们谈过现代生活的标志——汽车之后，再来谈鱼柳包装或许会有些乏味，但接下来的这个故事很好地概括了设计界的狩猎者／采集者风格的分界线。在一个春日，我受邀请前往伦敦的一家平面设计公司。想象一下那个场景——从一个小马厩似的漂亮房子向地下走，经过美丽动人的前台接待员，进入一间洞穴似的房间，四周是漂亮的白色墙壁。时尚的年轻设计师们围绕一张桌子而坐，其中两位正在创作鱼柳包装盒的图样。这两位设计师之中有一位是男性（另外一位是女性），他的设计非常严肃，有种 3D 立体感。可以看出，他使用了对比色——橙色和蓝色——还额外添加了粉色和黄色。使用的字体中规中矩，两边对称，背景的几何图形将文字环绕其中。最后，包装设计上还有男性小人图形，真是令人惊奇。与之对比，女设计师的设计则更加轻松。它展示出二维的感觉，颜色也更和谐而非对比强烈。字体怪诞，没有规则，占据了所有可用的空间，并没有局限于一处。而且，这个设计没有加入男性笑脸。

如果依据市场大小来评判两种设计——鉴于高达 80%~90% 的日常杂货都是女人在店内购买的——那么女性设计师的作品很可能会更具优势，因为购买鱼柳的消费者很少有男性（你碰见过多少呢），而且其不寻常的设计元素也可能会产生更大的吸引力。当然，在前文提到的偏好测试中（见第三章），男人和女人对鱼柳包装的反应极端两极分化，明显出现"偏爱同性"现象。

牙膏是另一种值得思考的商品。许多人的浴室装潢高雅，浴室内一定放置着牙膏。由于女人负责采购大多数的日用品，多数情况下牙膏也是由女人购买的。然而，除了儿童牙膏和少数特殊的牙膏外，牙膏（生产商）总是在牙膏管上刻画上大大的印刷字体。还记得赫洛克的研究表明，有30% 的男性喜欢在绘画中插入印刷体文字，而女性中这个比例只有 19%。因此牙膏管的设计展现的是男性的生产审美。

逛商店可能会单调乏味，然而，以下这个游戏可以让"商店之旅"变得更有趣。当你在店内四处走动时，就眼前所见的产品问问自己这些问题："这类产品的目标客户是谁？它的设计师真的深入了解目标客户吗？"如果你正好和你的伴侣一同出门，你可以用这个小游戏来缓解紧张气氛、减少分歧。这个游戏有可能会挽救一段美妙的购物之旅，阻止购物过程中意志博弈战的发生。下面这个故事就说明了与伴侣一同购物的危险性。

詹姆斯和玛莎想换掉他们原有的汤锅。想到即将拥有更好的厨具，他们都心情很好。他们俩各自都在尽情地幻想这个决定将让他们的厨房焕然一新。他想要"酷彩"橙色系列厨具——因为"它们有绝佳的隔热性能，可以长时间使用"。这个想法却让玛莎感到恼火。她说："瓷砖是蓝色和淡紫色的，橙色根本不相配。""再说了，它们可太沉了——在将它们取出橱柜之前，我还得三思！不行，我实在无法忍受这种汤锅。"

如果詹姆斯一早就预料到玛莎的反应，并找到一口汤锅兼具出色工艺和她所喜爱的颜色，情况或许会好得多。要找到这口锅或许不易（我最近一次对汤锅区域展开撒网式的搜索，只找到了无数大同小异的铬黄色），但是搜寻值得花费力气 。同时，汤锅生产商如能放弃生产沉重的汤锅，并且不只有橙色和铬黄色，对他们来说也将大有裨益。

远程通信

我们之中有多少人能离开电话生活？在相当长的一段时间之后，手机才不再只有黑色和铬黄金属色两种选择；但在芬兰，诺基亚的首席设计官弗兰克·诺沃早就意识到，产品设计师必须要满足消费者的期望。他的这种做法或许是受到约玛·奥利拉的启发。约玛·奥利拉是诺基亚的总裁，在他领导下，公司十分重视移动电话在人们生活中的作用和操作简易度。当时，诺基亚的竞争者摩托罗拉和爱立信都把精力集中于制造技术尖端的工业产品。因而诺基亚所选的道路在当时时代背景下尤为了不起。

结果呢？截至 1998 年，诺基亚占据了手机市场的四分之一。到了2000 年，世界上每 3 台手机中就有 1 台是诺基亚生产的。2007 年，诺基亚在手机市场的份额上升至 38%，几乎是同业最大竞争者摩托罗拉的 3 倍。只是当时它没能保持技术领先，才最终于 2013 年 9 月让微软接管了移动电话部门。诺基亚当前业务如何是一个值得讨论的问题，但从同月发布的诺基亚 Lumia 1020 款身上略见一斑。在营销时，诺基亚承诺该手机"为你重生"。和之前的几款型号类似，这台手机主屏被分离成若干个黑框方块，有着黄色的手机壳，并以其卓越的高品质相机为傲。它的一则广告则展示了用这台手机播放的足球赛，并配有"4 100 万像素让你身临赛场"的字样。二者结合让人不禁对"你"的中立性别产生疑问：这个产品到底是为谁而重生的？虽然设计师无意识的设计偏好掩盖了这个事实，但所有的迹象都表明，这个"你"应该指的是男性。

无独有偶。在 20 世纪 80 年代末的英国，电信设施公司英国国营电信公用事业采用了一位红蓝吹号的小人作为它的标志。在 2003 年之前，你仍能在卡车上、信笺上、产品信息和电话目录上看到它。这个杰作出自伦敦一家著名的企业形象咨询所，而他的设计师在采访中形容他的目的是"设计一位非明显男性或女性而是具备双性特征的吹号小人"。他抬起头来说："我想你能从成稿中看出来。"

他所设计的吹号小人是一个肌肉发达的年轻男子，因此我很难将他的描述跟这个男性化的人物联系起来。为了检验其他人是不是也产生同样的想法，我要求 37 名实验对象描述他们的印象，这个小人对他们来说是男性、女性，还是如设计师的设计纲要中所指出的那样为中性人呢？调查发现，仅有 13% 的被调查者认为这是中性人，而大多数——74% 的人认为是男性，剩余的 13% 不确定。显然，设计者制作一个中性形象的良好意图在实际中并不成功。不出所料的是，他最终设计出一个和自己性别相同的人物。由于约有一半的通信市场都为女性所占据，且女人比男人在电话上多花 7 倍的时间，该公司本应当采用一个拥有更多女性特征的形象。

零售业

在把女性作为封面人物长达 72 年之后，英国零售商小伍兹公司最近前所未有地将一位男性印在了邮寄产品目录的封面上。该零售商出售的产品从服饰、家具、运动商品到电子产品和电器，无所不包。他们希望，那 47% 从来不去商业街消费的男人看产品目录选购商品。这个策略是否奏效，我们还得等着瞧。但至少，小伍兹公司意识到观察消费者行为的重要性，这似乎让他们在商业博弈中得以领先。

最终，我们许多人一直寻找的——不管从理想伴侣身上，抑或在一幅平面设计作品当中——都是我们自身的影像。因此，当一家酒吧发现客户不断减少时，他们在所有墙上都挂满镜子，短短时间内客人数量就增加了。然而，与这家精明的酒吧相反，太多公司提供的都是能吸引本公司职工，而非目标客户的产品。

例子？不久之前，我偶然看到一本宣传家庭铁路优惠卡的宣传册，发现虽然大多数购买优惠卡的是女性，但册子上所展示的人物均为男性。宣传册是由一帮男性设计师设计的。根据已知的性别偏好原理，如果宣传册上展示的是女性人物，占据了大多数的女性市场将产生更为正面的回应。与之对比的是一本来自乐购加油站的宣传册，它展示了一位男人站在汽泊加油泵旁。由于多于 70% 的加油站使用者为男性，展现男性形象是公司与男性客户建立良好关系的有利举措。乐购干得漂亮！

至于零售商店的内部摆设，无须帕科·昂德希尔多说，我们也知道男人和女人待在店里的时长不同。许多女人可以做证，男人对于令人晕头转向的商品和在店内逗留时间的容忍度大大低于女人。或许是意识到男人做购物者心不甘情不愿，英国高街（商业街）品牌马克斯和斯宾莎建立了"男性托儿所"，这是一个可以使男人免于购物的避难所，里面有沙发、DVD 播放机，以及 Scalextric 等套装玩具一应俱全。以上的例子说明了什么道理？怎样的零售商店才能吸引男性顾客和女性顾客？

　　我自己的研究表明，女人不喜欢整齐排列的商品（例如成堆的电视机），不喜欢乏味的指示牌。喜欢看到相邻的色彩搭配和谐。如何吸引男人呢？多用金属、多用木头、播放更嘈杂的音乐，并简化店面以免男人失去耐性。著名的美国店面设计师詹姆斯·亚当斯建议，店面要"精且专"，并摆出搭配好的配件组合，以此保证"所有的颜色都搭配得当"。"这很重要。"他说道，因为"男人总是把颜色搭配弄得一团糟"。毕竟，狩猎者就是狩猎者，不是采集者。对女人来说，她们更愿意"采集"自己的穿着打扮。美国的服装零售商香蕉共和国就表示，他们从不会在店内直接摆出围巾和外套的搭配，因为女人更倾向于自己搭配。

　　几年前，一家地板砖公司要求亚当斯帮助增加销售量。他发现，销售人员销售产品时将实用性作为卖点——地板不会磨花、易于清洁并且耐损耗。和汽车还有电话一样，这是男性卖给男性的模式。"错误！"亚当斯说，"他们太局限于男性思维了。女人才是购买地板砖的决定者，而她们对这些卖点不感兴趣。将地板砖作为有高技术含量的神奇产品出售对男人会产生极大的吸引力，但女人对流行趋势、颜色和设计更感兴趣。"

小家电产品

小家电产品类别囊括了诸如烤面包机、水壶、搅拌机、相机和电脑等产品，男人和女人分别占据了 43% 和 57% 的市场份额。根据消费者电器协会调查，在美国，2003 年小家电市场价值达到 960 亿美元。因此，在这个市场中男人和女人的偏好都必须得到满足——考虑到消费者的人口特征，后者的偏好尤甚。事实上，取悦女性消费者的重要性不应被低估，因为女人很大程度上为自己而非为别人购买小家电，也因为如此，女人总是对所购买的物品吹毛求疵。再者，研究发现，即使男人主要购买产品，女人也对购买决定有着重要影响。以下例子就是一个很好的佐证：在购买高科技产品上，女人影响 75% 的决定，包括 DVD 播放机、平面电视机，以及复杂的立体环绕声系统 。

尽管女性消费者如此重要，2003 年，仅有 1% 的女性在接受消费者电器协会采访时认为，生产商在设计产品时将她们考虑在内，比例之低令人沮丧。然而，情形也并非完全惨淡，越来越多的公司注意到了女性消费者的特性并正在采取相关措施。比如，夏普电子·美国营销部门高级副总裁鲍勃·史卡格里安发现女性消费者受到了忽视，于是为她们重新设计了平板电视——该产品线被重新命名为 AQUOS，以此让人联想到流畅优美和柔滑的触觉。同时，夏普还改变了电视广告的政策。除了运动和黄金时段之外，它将电视广告的播出扩展至生活电视频道、美食频道和教育频道。截至 2004 年，夏普公司宣称，已经占据了超过 50% 的 LCD 平板电视屏幕市场，设计上的改变或许正是关键。另外一个案例则是索尼的 LIV 产品线，该产品系列包括为厨房设计的 CD 播放器和浴室收音机。这套产品在索尼的高级主管艾伦·格拉斯曼领导下问世，专门针对女性消费者。正如她所说："我们所提出的第一个问题就是'我们为谁而设计'？"一旦确定了目标市场，设计师就能将精力集中在诸如样式、功能和科技成分等因素上。艾伦奉行"小巧设计让家更宜居"的理念，这也是 LIV 产品线的设计理念。听起来，艾伦似乎已经意识到女人具有场依存性的特征，以及女人渴望将她们所使用的产品融入周围的环境中。

尽管如此，和汽车一样，许多小型电器产品都由男人设计。水壶是英国家庭里最常用的器具，平均每天被拿起 15 次。由于相当大一部分（五分之一）的水壶收入都来自零配件更换，水壶的销售模式相对稳定。至于其设计历史，水壶从老式的"铜水壶"演进为"鸣笛"热水壶和热条浸入式热水壶，后者是德国通用电力公司的彼得·贝伦斯于 1907 年发明的。在那之后，领豪于 1954 年发明了自动电热水壶，当水达到沸点就能自动停止工作。再之后，五角星公司的肯尼斯·格兰治则设计了塑料的凯伍德牌热水壶。又一个 20 年过去，1979 年来自胡佛公司的保尔·莫斯设计了"彩虹"系列热水壶，同年稍后，还有马克斯·伯德的"电热水罐"。最新的改良来自理查德·西摩和迪克·鲍威尔于 1985 年发明的无线电水壶（底座与壶身分离），接着出现枪柄式手把——终于有一个吸引多数女性购买热水壶的设计概念了。

以上是一长串的男性设计师名单，这让我想起与墨菲电器的设计主管之间的对话。他说："我尝试过招聘女性设计师。"他继续大胆地说道："但是女生们的作品质量都没能达到要求。"有没有可能只是因为他偏好男性作品的缘故呢？

　　由于缺乏女性设计师，因此很难将男性和女性制作的热水壶进行比较。但是，为了进一步了解男性和女性设计的热水壶会有什么不同，我要求三位女性设计师分别设计一款电热水壶。事实上，其中一位设计师后来延续电热水壶设计，为特伦斯·考伦的"栖息地"连锁家具店工作。她完成的草图给电热水壶带来了全新的面貌。我们看到的是更小巧的外形，更接近一只胖乎乎的茶壶，壶身采用了不同于壶嘴和手把的颜色，而不是一个圆鼓鼓、笨拙、颜色单调的物体。粉红、亮黄和青绿色是主色调。其中，有些手把上装饰有波点图案，壶嘴上绕着彩色条纹。

　　这些新水壶设计与市面上的水壶截然不同。对此我做了一项实验。我将这些新设计的照片和 20 世纪 90 年代常见的水壶照片放在一起——后者四四方方，就连手把也是四四方方的，壶身用绿色或深蓝色塑料做成。我随机要求一所大学图书馆内的 30 名男性和 30 名女性来选择他们更喜欢哪个。当然，图像的大小基本一致，但由于图像的质量有偏差（有些是草图，有些是设计成稿），从方法论的角度来看，这项实验还存在缺陷。即便如此，实验结果显示，62% 的女性选择了由女性设计的热水壶，而 52% 的男性选择了由男性设计的热水壶，引人深思。该实验结果又一次佐证了"同性偏好"。既然购买热水壶的大多数为女人，该实验结果说明，热水壶制造商如果在产品中加入女性审美的元素，或许能卖得更好。还需要多长时间我们才能见到好看的、带波点图案的热水壶呢？

DIY 市场

在世界上有些地区，DIY（Do It Yourself，自己动手）并不流行（如土耳其），但在英国，三十几岁的女人要比其他任何年龄段的女人花更长的时间在家居装饰上，也比各个年龄段的男性更多。在澳大利亚和美国也有类似的情况。

我有一位朋友，因为建筑工人在她时尚的新厨房贴瓷砖时选用白色水泥浆填补米色砖瓦之间的缝隙，感到审美受到了侮辱。女人们，你们应该不难理解为什么！她最终亲自前往一家 DIY 商店寻找与之匹配的米色水泥浆。正如《女性 DIY 指南》一书的作者萨利·布兰德指出，在男人和女人之间，到底是用普通钉子还是用花园钉子也可以引发争吵。她说："女人对审美更有兴趣。当她买螺丝的时候，她会挑选最好看的。而他会挑选最坚实的螺丝。"

一个家庭 80% 的购买行为都是由女人决定的。一家名为"B&Q"的 DIY 商店对此现象做出了积极的回应。据公司发展部主管纳森·克莱门茨介绍，该公司正着力于解决决策功能部门性别不平衡的问题，范围涉及门店、地区、总经理层面。他们也正考虑在高级管理层雇用更多女性员工。正如克莱门茨所说，这意味着招聘者名单应当保证"性别具有代表性并达到平衡"。克莱门茨补充道，采取这种更加具有性别包容性的措施也意味着更强调 DFY（Done For You，即为你动手），而不是更"男性化"的

DIY（自己动手）。

在美国，类似的改变也正在发生。直到最近，美国家得宝公司一直将电动工具和石膏板销售给男人。现在他们则对女性消费者展开猛烈攻势，其中一种方式，就是教会女人如何做家居维修，同时他们也与广受妇女喜爱的家居装饰类电视节目合作，推出娱乐节目。

DIY 有时会变成一种爱好。在某年 2 月，我受邀在巴塞罗那举行的全球多元化与包容性大会发表演讲，主题是性别与设计。大会吸引了来自全球各大公司的多元文化部门主管，包括壳牌、联合利华、欧莱雅、汇丰，以及拜耳医药保健公司。第二天午餐间隙，我发现身边坐着的就是麦克尔·史都伯，一位来自德国的多元文化问题专家。他在美国的客户有福特、惠普、强生、卡夫食品和摩托罗拉，他的欧洲客户则有英国石油公司、瑞士瑞信银行、山德士集团、瑞士邮政、瑞银集团，以及沃达丰。这一长串的客户名单还不包括与他合作的德国公司。可想而知，和他交谈十分有趣。

我们当时落脚在一家漂亮的酒店内。不久之后，我们的对话就谈到了家居装饰。麦克尔仔细地讲述了 2003 年时博世如何发现了一个受到忽视的巨大市场，那就是像我们这样一时兴起热衷于 DIY 的人。博世对这部分人群进行了市场调研，男女顾客皆有。他们发现人们想要的是小巧、简单而易用的工具，无须太多特殊的功能。面对这个信息，博世建立了一支混合性别的研发团队，团队成员来自五湖四海，目的就是制作出一把能满足多样化的顾客需求的电动螺丝刀。结果，小巧的无线电动螺丝刀 IXO 问世了。接下来的市场营销活动中，博世展示了男性和女性日常使用螺丝刀的场景，比方说开酒、在烧烤时点火或是修理鞋架。广告既对准了男性客户，又对准了女性客户。这个小螺丝刀成为全球销量第一的电动工具。同时，博世的性别比例分布反映出其策略精准地瞄准了目标客户：其客户群男女性别人数各半。

咨询案例

有些公司敏锐察觉到分别男性和女性视角差异的好处。我曾建议过几家公司这么做，它们之中许多表现出色。20 世纪 90 年代末期，我前往德国参加佳能相机内部的欧洲市场营销主管会议，我在会议上展出了男女学生所设计的相机图样。男性所设计的相机都是长方形的，色彩单一，女性设计的相机则是圆圆的，其中一些是粉红色。与会的男人们——实际上所有与会的市场主管都是男人——都沉默了。他们观察着这些设计，慢慢地意识到公司之前所采取的方向是错误的。由于大多数非单反相机的购买者是女人，他们突然明白过来，相机除了黑色、长方形之外，还存在其他的可能性。不久之后，镶着弯曲银边的 IXUS 系列相机就诞生了。

另外一家受到启发的公司是帮庭纸巾，他们为英国的新妈妈们提供了一系列的婴儿纸巾产品。我们和他们的网页设计师们召开了一次研讨会——对，所有的网页设计师都为男性——他们敏锐地感觉到情况需要改变。原有的网站由一格一格的信息方块组成，主打色是蓝色。研讨会后，网站采用了新的配色，改进了细节，马上就吸引了更多的点击率。

一点简短的补充说明。我曾帮助英国一个地区政府开展类似的研讨会，他们也很快意识到需要做出改变。研讨会结束后，他们马上就换了网站设计，让它看起来不那么像方框，颜色也不再单调，对男性和女性浏览者都更有吸引力。然而数月之后，我重新登录他们的网站，发现网站又恢复了原本的模样。这告诉我们，一次性的帮助并不足以改变一支全部由男性组成的设计团队。狩猎者永远是狩猎者，狩猎者只能制作出狩猎者版本的设计。只有经常性的训练才能将设计动力引导至另外一个方向上。

第六章
广告

最重要的是，与客户结盟，与之共赢，且仅与之共赢。

——杰夫·贝佐斯（亚马逊首席执行官）2012 年

广告公司

在一个夏日，一家广告公司正准备为他们创作的清洁能源广告概念板揭幕。这是一家利基广告代理机构，他们的创意人员来自英国顶尖的广告公司。他们还从公司外部邀请了专家来为该项市场活动出谋划策。年轻的创意人员身穿开领衬衫和运动鞋，而他们的客户，一位自然能源生产商，身穿浅色亚麻西装。这位客户具有非凡远见，毕生都致力于从可再生资源中获取能源。会议室内每个人都满怀期待，等待白纸从黑板上揭下的那一刻。

指挥揭幕秀现场的是公司的广告营销总监。他约 40 岁出头，一身休闲打扮，卷着袖子。他后退几步，一个略微比他年轻的男人——他的助手占据了演讲台的焦点。"我们收集得来的这些图像会对能源消费者产生重要的影响，"他解释道，"而我们的目标是将普通能源消费者转化为清洁能源消费者。"遮挡着第一块概念板的纸张被取下，黑板上展示的是该能源公司的创始人的照片，他正坐在空空如也的会客厅里临窗眺望，视线盯着窗外灰色的风轮机。接下来营销总监来到第二块概念板前，取下白纸，展现出一条能源波，上面饰有呈斐波那契数列关系的数字——斐波那契数列是隐藏在自然界许多结构背后的神奇数列。

营销总监继续揭晓最后一张图片，会议厅内的每一个人都夸张地抬起手，发出倒抽气的声音。所有人的目光都集中在一个戴着毒气面具的胎儿身上，它被一个气泡团团包围，飘浮在阴暗的大气中。如果顾客不相信绿色能源，这就是等待着他们的可怕未来。

"有问题吗？"营销总监问道。他环视会议室一圈，将目光定格在坐在其中一个角落里的专家们。这是邀请专家们参与讨论的明确信号。我迅速举手："有。这些广告的目标人群是谁？"人们纷纷交换眼神。显然，广告公司的策划概要中并未对这个问题做好准备。随着分秒流逝，沉默变得令人难堪。我自问如何能在不清楚目标市场的情况下就创作出广告，然而眼前这位有着优秀业绩的广告公司营销总监对此没有感到任何不妥，乐于展示没有任何外界参考的想法。这种做法是否可取呢？创意人员到底是一位艺术家，还是一位按照顾客意愿来修改自己作品的工匠呢？

顾客的重要性

如果你向美国专家迈克尔·哈默请教这个问题，这位企业业务流程再造（BPR）概念的提出者的回答肯定绝不含糊。企业业务流程再造教导世界范围内的企业应当重新安排企业活动，将顾客置于中心，并警告公司，企业存活取决于公司围绕顾客"独特的、特定的需求"所提供的产品或服务（哈默，1995）。企业业务流程再造的结果之一就是突出顾客在商业公司眼中的重要性。因此，哈默极有可能会尝试去改变这些唯我的创意人员的想法，让他们更多地以顾客为中心。

以顾客为中心意味着，只有那些看见顾客需求并推出符合需求的产品的公司才是成功的公司。这个过程的第一步，是辨识谁才是购买产品的决定者，尽可能精准地界定这些人。传统上，市场调研用社会阶层、年龄和地理位置来界定客户群，却很少关注性别因素。如今，第四个变量——性别在遭遇多年冷遇之后，终于开始受到越来越多的关注。尽管许多市场研究中使用年龄、阶层和地理位置等变量的做法依然根深蒂固（待会儿我们会有更多的例子），有些机构正迈出重要的一步，转而询问他们的顾客到底是男人还是女人。

毋庸置疑，忽视一个人的性别将导致疏漏掉至关重要的额外信息，这就是为什么 1999 年在阿尔卑巴赫举行的首届欧洲论坛全员大会致力于探讨"性别差异"的问题。该论坛是云集商界领袖和政治家的专业研讨会，关注经济和社会发展趋势。

如果你仔细回想能源会议上揭晓的海报，海报上的许多元素都是男性审美的直接产物——海报只展示了一位男性形象，并强调了技术、恐惧以及没有微笑的脸——如果男性的确是目标市场，那么这将是一次成功的广告活动，但当天会议现场并没有任何数据可供核实。

回到办公室之后，我做了一些搜索调查，很快就找到了答案。珍·帕尔是来自肯特大学的学者，也是研究男女支出模式问题的专家。她证实，应对家庭支出这项"光荣"的工作基本上落在女人身上（2000）。不走运的是，帕尔并没有研究谁来决定所使用的能源这个问题。但是，2002年，来自加拿大气象局的丹尼尔·斯科特和来自多伦多附近的滑铁卢大学的伊恩·劳伦斯、保罗·帕克一同发起过一项调查，这项调查给我们的问题提供了强有力的提示。他们的研究显示，男人和女人对绿色能源感兴趣的程度相当，该研究结论若被证实放之四海而皆准，将会对全球每年价值4 000亿英镑的电力市场产生巨大的影响。这个市场正面临着国际性竞争，若竞争者对消费者人群特征有细致的了解，他们将有暴利可图。

有了这个背景，显然市场营销概念本可以大刀阔斧地改变，以更吸引市场上的女性顾客。你会问："要怎么做？"既然我们从20世纪70年代马耶夫斯基的研究得知，女性人物形象以及笑脸都是组成女性生产审美的元素，而且我们也知道选择偏好是生产审美的反映，我们有理由在营销中加入这些元素。

在广告公司的经历只是个例，还是该行业存在的普遍现象？若是广告行业的典型现象，我们也许会问：有什么指导性原则可以改善这种情况吗？

我们可以从检视广告行业开始。

广告业

世界范围内，广告行业（从概念策划到成形）总产值约为 450 亿美元，集中在三个广告活动中心，也就是纽约、东京和伦敦。其中美国市场占主导地位。就公司收入而言，英国是第四大广告市场，位于美国、日本和德国之后。英国广告产业的雇员大约有 92 000 人。

至于性别比例，广告从业人员机构针对媒体购买、广告和市场沟通行业展开过一项调查，发现约有一半员工为女性，但在管理总经理和首席执行官级别只有 15.1% 为女性。根据这项调查，广告行业中女性高层的比例比 1998 年的 7% 多了两倍有余，但自从 2004 年以来只上升了一个百分点。同时，该调查还显示，该行业的中级和初级管理层中，女性从业者的比例低于 30%。

该调查结果并不出人意料。它展现了公司高层以及创意职位中只有很低的女性比例，这早已众所周知。例如 2000 年，广告从业人员机构的调研发现，尽管女性客户经理的比例从 1986 年的 27% 上升到 1999 年的 54%（职位为广告策划和调研的女性约为 50%），艺术主管中只有 14% 为女性，文案中只有 17% 为女性。到 2005 年，《观察家报》发表了一篇关于广告行业的文章，是由著名记者卡罗·卡德瓦拉德尔撰写的。文章显示广告从业人员的性别比例大体上没有发生改变，其中 83% 的创意人员为男性，这个数据比 30 年前还要糟糕。

考虑到男性主导了广告的创意职位，评论家婕米·道尔德将创意职位中女性代表的"席位"称为"沟通性别分水岭上一家停业的商店",也就不足为奇了。同样不足为奇的是,婕米把广告产业的创意职能部门描述为"在性别问题上似乎并不总是推陈出新"。根据 WCRS 广告代理商的首席执行官黛比·克雷恩撰写的一份关于广告行业女性现状报告显示,造成这种现象的一个因素是"男性化氛围的刻板印象仍然根深蒂固"。

英国就谈论到这里。而在美国,正如我们所看到的,《广告时代》于2002 年做过一项调查,发现在广告从业人员中,平均有 35% 的创意人员为女性。虽说这个数字几乎是英国女性创意人员的两倍,这仍然是一个相当低的比例。可见在大西洋的两岸,广告行业的创意职位都由男人主导。我们知道,绝大多数的消费者都是女人,因此,问题的关键是一个人的性别会如何影响他们对广告的喜好。第一步,我们将参照以往的调研结果;第二步,我们会看看广告创意人员的观点。

关于性别与广告的研究

2007 年的时候,我与来自南威尔士大学的罗德·耿博士和西尔维娅·阿佐帕尔迪共同对马耳他商界人士进行了一项研究,观察他们对广告的喜好。我们将一份有关银行广告的调查问卷派发给马耳他当地职业和商业机构的会员,希望从这 5 万会员中得到至少 1% 的回收率。幸运的是,我们回收了 510 份问卷,其中 28% 是女性,72% 是男性。他们的答案揭示了十分有意思的结果,因为有显著的统计趋势显示,男人更喜欢简单的事实型、逻辑型信息(显著性 $p<0.01$),女性则在对原创广告的偏好上表现

出极其显著的统计趋势（显著性 p<0.001）。有趣的是，在面对包含相当大比例原创内容的广告时，样本中的男性比女性更难以理解广告的信息。能理解广告的男人数量和女人数量之间的差值也呈现出显著性差异（显著性p<0.05）。

或许不是每个人都觉得统计学有意思，但在预测趋势上统计学起着至关重要的作用。这项研究无疑告诉我们，在广告中，男人和女人喜欢和理解的东西十分不同。理想状态下，广告应包含不同的"处方"，以便有效地针对男性和女性顾客"对症下药"。这项研究也激发了我对他人研究发现的兴趣。

值得注意的是，我所找到的最早的研究可追溯到 20 世纪 90 年代，是美国的一位市场营销学教授伊丽莎白·赫斯曼撰写的。她所得到的结论相当令人失望，女性被排除在大多数消费者调研之外。这个观点也得到了当时许多其他男性和女性市场营销学学者的赞同。赫斯曼撰文的时候已是 20年前，我以为从那以后情况一定发生改变了，但 1993 年之后的研究中我只找到一篇比较男人和女人对广告反应的研究文章。

这项研究是由纽约州立大学奥尔巴尼分校的市场营销教授桑杰·普特列伍所做的。这项研究有三个重要发现，可谓"物超所值"。第一，在翻译广告语"密码"时，男人只能将注意力集中在至多一个或两个产品特性上（普特列伍，2004），因此，他们喜欢只集中展示某一特征的广告。另一方面，他发现女人是更全面的信息处理者，在做出判断之前她们会尝试吸收所有可以获得的信息。这项发现与韦塞尔和麦卡尔在 1997 年所做的研究结果相悖。该实验对广告进行了抽样并研究了它们的特点。实验发现，杂志中针对男性的广告比针对女性的广告更啰唆，也更复杂。如果这项调查确实反映了现代广告行业的惯例，那么广告公司如果要针对这些发现做出改良，还有很长的路要走。

第二，普特列伍发现女人希望广告关注产品，聚焦于该产品与它所属的产品类别之间的关系上。普特列伍将这种广告称为"产品类别导向型广告"。在此基础上，他建议广告商向女性消费者展示产品类别导向型信息，重点强调广告品牌与其他品牌相比的优势；而对于男性消费者，他推荐特性导向型信息，即强调广告品牌具有的独一无二的特性。

他的第三个发现，是女人更喜爱展现和谐关系的广告，这表明，针对女性的广告应描绘人们处于集体活动的场景，而不是个体活动的场景。男人则正好相反。

从这些相当具有针对性的研究发现中，他得出一个强有力的推论："确凿而有力的证据显示，在面对同样的纸媒广告时，男人和女人的反应表现出鲜明的差异。"

他简练地总结了他的发现，用学术性语言说道：

> 女人对文字繁多、和谐的、复杂的，以及产品类别导向性的广告更有好感，展现出更强的购买欲，男人则对有竞争性、简单以及特性导向型的广告更有好感，展现出更强的购买欲。

对广告公司的启示是什么？他同样简洁地说：

> ……此项研究表明，男性和女性倾向于对符合他们各自信息处理习惯的广告产生更积极的回应……男人偏好展现竞争、出现品牌比较的广告信息。女性喜欢强调

和谐关系、尊重自己和他人的广告信息。此外，男人喜欢简单的广告，通常关注在一个或少数关键产品特性上。女性喜欢复杂的、含有大量语言和视觉信息的广告。

普列特伍教授给广告者们的一课就是要：

策划指向特定性别的广告活动，根据性别差异使用不同程度的硬性销售和软性推销，以及不同程度、不同种类的语言和视觉信息。

广告公司制作指向特定性别的广告，这种做法的推荐指数有多高？

广告世界

关于广告对吸引目标客户的作用有多大，大西洋两岸众说纷纭。在英国，媒体代理商 PHD 公司的董事长苔丝·阿尔普斯说："男人就是不喜欢女人写的、女人钟爱的广告。"国际品牌集团的董事长丽塔·克里夫顿则描述了广告业中的女性不得不在男性化的行业文化中工作的情景，后者给女性的创作及其评判标准都定下了条条框框。女性创意人员的短缺"绝对是畸形、不同寻常"的事情。可是，欲通过"空降"女性职员来改变现状恐怕无济于事。

HY Connect 是一家提供市场沟通方案的公司，办公室设于芝加哥和密尔沃基。汤姆·乔丹是该公司的前任董事长和前任首席创意官，他动情地写道，广告行业的男性主导现状需要改变。在他的博客上，他说："我们男人们是时候停止照镜子了，我们应该放眼看看女性顾客的需求。"因为他的调查发现，女性客户影响了 80%~90% 的消费决定。他不辞劳苦地追踪大量女人对于修改前后的广告的意见，并就广告行业及行业的进展发表评论，令人眼界大开。

我们借几个例子来展开他的理论阐述。2008 年，《新闻周刊》为一辆车——水星黑貂——刊登了一则费用将近 50 万美元的广告。广告上以车头的视角展示了一辆车在褐色的路面上飞驰，车身倾斜至一边，视野范围内没有任何风景、驾者或是旅客。车身右边有一行文字，写着"此车为证：我们的工程师是控制狂"，而在这底下，还有一行更小的字写着"AdvanceTrac 防侧翻稳定控制系统时刻监测驾驶动态，助您保持正轨"。

汤姆认为，这则广告几乎会被每一个看到它的女人所忽视，因此他重新创作了一则针对女性的新广告并投入测试。他没有提及男人的反应，不过我猜测，这则广告风格简洁，并紧紧聚焦在轿车的重要性能上，应该会大获成功。新的广告展示了三个画面，分别是：一条公路在群山之间蜿蜒而行，图片的大标题写着"这车怎么样？"；蜿蜒的群山之中出现一条笔直的公路，大标题是"感觉怎么样？"；最后一幅画面中，一辆车停在房子外，一名微笑的女士正在与一名小男孩拥抱。在她身边的广告词写着"来体验全新的水星黑貂系列轿车，采用 AdvanceTrac 防侧翻稳定控制系统"。

汤姆拿原来的和新的广告在不同组别的女性当中进行了实验，他所创作的广告在"喜爱程度"和"购买欲望"两项中打分都超过原来的广告，分值之比约为 8:1。回想一下普特列伍的建议，汤姆的广告在视觉效果上十分复杂，强调了和谐的关系，同时还强调了对自己和他人的重视，因此也就不难理解为什么他的广告有更强烈的吸引力。还不止于此。汲取其他研究（包括我的研究）的经验，你还可以发现广告中有生机勃勃的画面（群山的图像）、微笑的人物（包括一位女士），以及一辆静止而非动态的车。这项实验结果证明了，广告中出现的某些特征能够影响消费者的反应，因此，在广告领域感知科学大有用武之地。

不幸的是，格林菲尔德在 2002 年所做的一项网上调查发现，有超过90% 的女人觉得市场营销人员不懂她们的需求。汤姆·乔丹的《重解性别》一书包含了女性对一系列广告所产生的反应的数据。细察其中的三组广告，能够帮助我们对当前市场中的广告和女性偏好之间的分歧有深入的洞察。

第一则是为强力胶而创作的广告，画面展示了一个被截肢了的士兵玩具模型，他只有一只胳膊。不幸的是，女性厌恶这则广告。女人需要使用强力胶，多半是为了修补茶壶或是最喜爱的咖啡杯的把手，用这则广告来取悦女性消费者的确非常奇怪。第二则是"一杯羹"的广告，广告中一对衣着时髦的父母被老师告知，他们儿子的问题出在"提姆没有得到足够的关注"。爸爸问说："谁？"显然他不清楚问题中"提姆"的身份。广告最后的场景展现了一只拟人化的"一杯羹"大口杯，杯上清晰地印着"提姆"这个名字。爸爸和儿子一起坐在沙发上，手里捧着"一杯羹"大口杯。爸爸说道："提姆，这真好。"然而，对反应实验中的女人来说，她们完全不能理解爸爸忘记儿子名字这一点有什么幽默可言。

类似的，一则为"薄麦（含真正草莓）"创作的广告含义也完全丢失，以至于参加实验的女性还以为这是一场恶作剧。广告展示了一位男人和一位女人同在厨房中——他身穿白色无袖背心，男性气概十足，而她身穿红色短裙，搭配着红色高跟鞋，挑逗性地坐在一个储藏柜上，手端用红色碗乘着的谷物。广告提问道："有什么能满足一位饥渴的男人？"一款为全家人提供营养的产品需要用性暗示吗？

当然，你或许会认为，像这样的广告都是来源于性别歧视广告盛行的黑暗的 20 世纪 50 年代，然而，2008 年出现了一则姊妹广告，用同样的修辞手法抛出了同样的问题，广告中还出现了类似的金色长发白人女郎。

这一次，金发白人女郎跪在床上，一只手端着一碗谷物，另一只手拿着勺子。她身着白色睡衣，披着的红色缎子长袍从一边的肩膀上滑下。和上一则广告一样，她的指甲颜色和碗的颜色相同，都是红色的。背景中也有一位男人，这次是在床的另一端熟睡。

我们这里讨论的许多产品都来自预算充足的公司，你可能会纳闷为什么最终会出现这样的广告。这个问题确实十分发人深思，因此，我邀请汤姆·乔丹在我受委托所写的《从差异中获利：启示》一书中耗费一个章节来回答这个问题。接下来我们就来看一看他为广告行业描绘的精彩景象吧。

广告业的真相

汤姆·乔丹从以下这个事实开始谈起：80%~90% 的消费购买决定都是由女性做出的，然而在为她们服务的广告行业中却有超过 90% 的广告总监是男性。其后果就是"男性创作广告、男性通过广告，一般说来也是男性喜欢这类广告"。他继续说，要想成功，"女性必须创作出吸引男性的获奖广告"。自然，关键的问题在于为什么购买者和广告者脱离的现象能够存在。

原因之一便是赢得某项知名国际创意大赛奖项的吸引力，比方说戛纳国际广告节的"金狮奖"。得奖就意味着声望，以及获得晋升和加薪机会。作为曾经的得奖者，汤姆说答案简单得很："你必须说服那些超级时髦、几乎全为男性白人的评委们，让他们相信你的广告非常时髦、非常玩世不恭，跟传统广告完全不同，以至于你必须拿到那只金狮。"他继续说道："广告评判的标准并不是它们能多有效地覆盖目标市场，而仅仅依据它们是否能取悦和影响广告节的评委并给他们留下深刻的印象。"好像情况还不够糟糕似的，他接着说道："促动广告创意者的，是创作出不是广告的广告而出名的欲望。"

"但是，还有更糟糕的情况。"汤姆写道。在广告创意者们花费整整一年时间苦苦等待，想看看自己创作的广告有没有得到国际承认的同时，他们也希望自己的广告能够在获奖的艺术指南中发表。举个例子，《档案》和《沟通艺术》是两本按季度发行的杂志，展示世界上最为奇异、最不寻常的创意作品。你会发现里面几乎完全不会提及这些广告在建立品牌或是销售产品上有何帮助。正如汤姆所说："广告的实用性目的必须让位于它的艺术功能。"这就解释了为什么广告创意者们总是孜孜不倦地努力，让商标变小，让文字变简短甚至不存在，让广告概念变得小众。

"但是，"汤姆写道，"仍然有更糟糕的情况。"据他所说，有些学校专门开设课程，指导作家们和艺术总监们如何创作获奖作品。这些学校一般被称为"作品集中心"，因为学生们希望毕业时他们怀揣的一摞广告作品集，能帮助他们进入中型或大型广告公司就职。据汤姆称，这些学校教导它们的追随者要根据自己的直觉来创作，而不是建立在客户提供的信息基础上。

未来之路

说到底，最终还是客户为广告公司的作品付钱，或是决定是否采用广告中的商品，因此必须从他们开始改变。一则与购买者相联系的广告，才能获得更高的销售额和利润。这事关商家的利益，所以他们应该确保，广告不仅仅是创意人员取得成功的红地毯；他们必须要促使广告行业的想法发生改变。在萧条时期，一则广告如果无法为它所采取的策略辩解，不接地气，就应该被抛弃，用更有效的广告取而代之。

一个很好的例子来自一个开创性的组织——NBC 环球电视台国际部。它在亚洲 - 太平洋地区的电视台曾委托别人进行调研，以便更好地了解女性观者。克里斯汀·菲洛斯是负责其亚洲 - 太平洋地区运营的总经理，她说：

> 我们看到我们观众中的大多数都是女性，在过去几年里，她们的教育水平和权利不断增加，她们的志向不断得到实现。东盟地区有着世界上最高的女性高管比例——32%，相对比之下，全球平均值只有21%。31%的亚洲女性是主要的家庭收入来源，她们购买了60%传统上属于男性的产品。因此，广告者们必须要听取这部分关键人群的需求，然而我们听到女性说，她们并不觉

得自己被如今的广告所吸引。

"高跟鞋勇士"发起过一项研究，有来自新加坡、马来西亚、菲律宾、印度尼西亚和香港特别行政区的超过 3 000 名女性（20~44 岁）参与进来。这项研究发现了 5 类细分市场。菲洛斯强调了这项研究对地区运营的重要性，称其"让我们还有广告商们有效地与亚洲范围内的女性建立起了联系"。由于亚洲付费电视的女性消费者同时也是媒体消费的一大群体，如能成功地建立起联系，将会获得极大优势。

正如市场营销专家们所知（或应当知道），且如《内容营销》的作者安·韩德利所说："了解你正在销售给谁——以及他们为什么购买、如何购买——将让你的工作简单得多。"韩德利被称作"线上营销最有影响力的人之一"，但是从了解到采取下一步，围绕你的发现来包装产品或服务对很多人来说则相当考验耐心。举一个很小的例子。我曾经在英国第二大超市的停车场多次发现，在长长的停车场区域，根本没有地方可回收购物车并取回作为押金的硬币。如果你推着购物车走到停放在停车场后部的轿车旁，你就只能忍受不便，穿过整个停车场回到店门口去退还购物车。当我碰见门店主管时，我向他反映了这个宝贵的信息——毕竟解决这个问题能帮助提升顾客满意度——然而和平常一样，我听到一系列理由，说明这并不是头等大事。如果一个机构连这么简单的事情都拒绝去做，他们又怎么会在产品广告宣传和营销方式中进行改变呢？

如果要进行这样的改变，很可能意味着市场营销和公司文化都必须做出改变，而这将十分具有挑战性。正如美国消费者电器协会前任女董事长凯西·戈尔尼克所说："当完成某些事情存在着既定形式时，惰性便就随之产生。而我们说的是要改变整个公司的导向和文化。"她当然是正确的，但是对于勇于改变的公司来说，回报将是更高的销售额，以及满意度、忠诚度更高的消费者。第一步是了解狩猎者和采集者的视角，下一步则是重建招聘和晋升的机制，从而让从业者所传递的广告信息符合消费者的偏好。

第七章
城市设计

吾之美食，汝之鸩毒。

——卢克莱修（罗马共和国诗人、哲学家）

市民游泳池

20 世纪 90 年代初期，伦敦北部郊区新开了一个公共游泳池。普通旅客并不会来这个地区观光，然而那座建筑有着特殊的魅力。当你进入泳池区域时，你会感觉这是一个可以逃离周边死气沉沉氛围的地方，一个空间和光影的圣地。巨大的圆形窗户朝青绿色的泳池注入一道道光柱，泳池四周围绕着漂亮的白色地板、白色墙壁以及白色桌子。即使是指示牌也传达出一种明亮的感觉，在黄色和青绿色的字母之下是淡淡的波纹线。当你在池水中起起伏伏时，你可以凝视位于高处的精美窗户，享受和谐的设计。池水的青绿色与池边青绿色和淡紫色的小隔间相辅相成，而透过窗户流入的光线则与白色地板、白色桌椅相映成辉。询问之下得知建筑师正是一位女性。

数月之后，在这座原本完美的建筑之中，陆陆续续地发生了不少改变。起初，深蓝色的桌椅取代了白色的桌椅。地方议会的男人表示："这样要比白色的桌椅更易于维护。"接着一幅巨大的橙色壁画出现了（壁画出自一位男性艺术家之手），上面画着章鱼和其他海洋生物。在那之后的改变从未止步。深绿色的指示牌采用了一种更为端正的字体，取代了原本让人心情更为愉悦的指示牌。原先的白墙如今贴满了深蓝色的三角形瓷砖，和围绕着指示牌的四边形遥相呼应，遮挡住了半圆拱的窗户。人们似乎还不满意，有一天我发现淡紫色和青绿色的小隔间，以及衣物柜都被深蓝色所取代。最伟大的"杰作"是他们开设了一家三明治餐厅，一条长长的橙色直线横贯餐厅的门面。这座原本在视觉上搭配和谐的完美建筑如今产生了不可挽回的改变，而显然这并不是好的改变。

规划部门自然对所有改变都给出了理由，例如"之所以用深蓝色的家具取代白色的家具，是因为在深色家具上刮痕不容易看见""采用新的指示牌是因为这些才符合该行政区内的指示牌标准"。我们所能想到的最好的解释——"因受到破坏而需要更换衣物柜"，其实不过是用蓝色门换掉青绿色和紫色门的借口，而窗户被挡了起来，这样长排的蓝色瓷砖就能覆盖更多的白墙了。

如果客观看待此事，你可以说采集者的审美彻底败给了狩猎者的审美。从何看出？深蓝色的桌子与白色地板形成鲜明对比（记住男人具有场独立性、喜用深色），大手笔地使用橙色（男人喜欢橙色），直线在指示牌和蓝色瓷砖中都占主导地位（观察远处地平线的遗风），以及将窗户的圆弧线给涂抹掉（对圆形的喜爱是为哺育儿童而形成的适应机制）。这个泳池成了不同的设计美学（狩猎者和采集者）之间冲突的聚焦点。采集者强调各个元素之间的和谐、色彩的明亮、视觉元素的非直线性和非压抑性（所有的指示牌都用正好穿过字体本身的波浪线作为强调）。狩猎者则强调直线性、深色和对比色、规范性，以及把视觉元素规制在特定的形状中。

这背后的原因便是当今城市规划行业主要受男性气概影响。1996 年，英国皇家城市学院对外公布的数据显示，其 78% 的会员都为男性。在十余年后的 2008 年，西英格兰大学整合城市规划专业的荣誉教授克拉拉·葛丽德说："大多数规划者和城市决策者仍然为男性。"要是规划者们早知他们正将狩猎者的视角（也就是男性的视角）强加于采集者（也就是女性的视角）所建造的建筑之上，他们或许就不会这样做了。毕竟，公共建筑对每一个人开放，而数据显示使用游泳池的女性要比男性多。但是，如果你还未意识到狩猎者和采集者的视角有别，你会很容易认为你的视角是绝对的真理。

深入地下

在 20 世纪 80 年代，纽约地铁内的涂鸦称得上是让人印象深刻的景观。涂鸦无处不在——不仅在墙上，而且在 6 000 节地铁车厢上（只有中城的地铁侥幸逃脱）。当时，地铁系统每年发生 15 000 起严重犯罪案件，让许多优秀的求职者对于在此工作望而却步，而顾客也对地铁频繁的脱轨现象及不稳定的服务感到不满。

马尔科姆·格拉德威尔在他的畅销著作《引爆点》中阐述了当局为了扭转局势所采取的措施。新上任的地铁总经理大卫·甘对涂鸦实施了一次突击战，而另一位地铁雇员、交警负责人威廉·布拉顿则派遣便衣警察在出入口栅栏旁巡视，随时准备抓住逃票者。便衣警察们通常会以菊花链的队形站在站台上阻止逃票者逃窜，直到警察确定能将逃票者们"一举拿下"。格拉德威尔认为正是这些举动使得纽约地铁犯罪活动泛滥成灾的情况得到逆转。可是他没有解释艺术在赢得这场犯罪打击战之中所发挥的作用。

1991 年，一份针对纽约 772 英里地铁系统的报告建议，地铁系统内应有画作和装饰品，以营造一种明亮、欢乐的感觉。这个"交通艺术"项目是在桑德拉·布拉德沃夫的指导下展开的，结果一共诞生了 140 多件公共艺术品。她的想法很简单。她说："艺术品应当反映它的观者群体"，以及"乘车人的多样性"。这个了不起的理念（有多少产品设计师遵照这个理念呢）给大家提供了参与到艺术家"性别竞猜"游戏中的机会。当代的性别问题专家极有可能会对这个建议感到震惊（这是简化论者的偏见；完全是胡闹），但他们大错特错。他们尝试用社会影响来解释所有事情，然而这种观点在有关性别认知差异的证据面前根本站不住脚。正如我们所见，性别认知差异对于视觉能力来讲尤为重要。因此，我们做了一个由 8 道题组成的小测试，你可以自己决定这个游戏是否能说明问题。

纽约地铁测试报告

我们这个测试从曼哈顿南端的布鲁克林大桥站的四号线和五号线开始。在那里你能看到经典的工程设计，展示了布鲁克林大桥底下黑色的铁路和电缆。设计师是谁？是马克·纪比恩。

　　在附近，连接着百老汇／拿索站与福顿街站的人行通道里，有一个圆形、不锈钢天花板灯饰，展示的是天上的星座。数站以北的 42 街地铁站则将不锈钢灯管弯弯曲曲地排成了众多相连的"V"字。用创作者的话来说，这些灯管的用途是"实用的雕塑"。这两个设计的艺术家是谁？人行通道是由南希·霍尔特设计的，而 42 街艺术作品背后的创作者则是克里斯托弗·斯伯劳特。

　　此地以北相隔几站的大军广场站，有一座戴有翅膀的女性胜利人物雕像。而在 57 街地铁站装饰有男性音乐家的照片。他们的设计师是谁？前者是南希·斯派罗和珍·格林金的作品，后者则是克里斯托弗·维恩特和乔什·沙尔夫的作品。

　　靠近 59 街的列克星敦大街地铁站则有一幅名为"盛放"的马赛克壁画。上面画的是树木伸展着粉红的枝丫，蜿蜒的河流从黄色大口杯中流淌而出，这些物体全笼罩在朦胧的马赛克下。这幅画的艺术家是谁？是画家伊丽莎白·穆雷。她想借助这幅图画来暗示这是邻近"布鲁明黛百货公司"的街区①，并营造出一个有别于地上街道现实生活的世界，她将其称为"梦幻地下世界"。作品中明亮的色彩、轻松的氛围和二维图像这些特点都表明这是一幅女性的艺术作品。往北走几步，你就会到达 66 街地铁站。在一号线和九号线的站台上，你能找到阿尔忒弥斯、女性杂技演员，还有女歌唱家这些女性形象。这些作品的艺术家是谁？是南希·斯派罗和珍·格林金。最后，再往北来到 110 街地铁站，这里有方形和三角形组成的玻璃马赛克和壁画，展示的是一张男人的脸。该作品的艺术家是谁？这次又是克里斯托弗·维恩特和乔什·沙尔夫。在你赶路的时候，这个轻松的游戏可以帮你打发时间。

① 布鲁明黛英文为 Bloomingdale，是美国高档连锁百货公司。公司名称字面意思为"盛放的山谷"。

伦敦地铁测试考察

有一款类似的游戏同样可供伦敦地铁每日所接待的 150 000 名游客消遣。我们建议你从伦敦南部邻近滑铁卢站的堤岸站开始游起。

在堤岸站，站台用不同颜色的线条装饰，线条角度各异，呈于白色背景之上。这些极简抽象风格的线条代表了 1951 年庆祝英国节的场地上飞扬的彩色横幅。这个作品的设计师是男人还是女人？该作品的颜色和线条性相对较少，如果你认为这些迹象将创作者的性别指向男性，那你就答对了。负责创作这幅作品的艺术家正是罗宾·丹尼。他于 20 世纪 50 年代在中央圣马丁艺术与设计学院以及皇家艺术学院接受艺术训练，并于 1984 年完成了这幅地铁壁画。

离堤岸站不远处就是北线的查令十字地铁站。站台上的白墙上雕刻着黑色的人物像（大多数是男性雕像），整体构成了一幅中世纪埃利诺十字架图形，一旁只有几个女人在观看。这幅作品背后的艺术家是谁？是大卫·简特曼，他也受训于皇家艺术学院。他几乎一辈子的时间都在为皇家邮政设计邮票，同时他也创作雕像和水彩画。

接下来，沿着北线朝着托特纳姆法院路的方向往北走就能看到莱切斯特广场站，它用直线作为装饰。到达托特纳姆法院路之后，向大理石拱门站方向转乘。这次在大理石拱门站下车，好好看看用明亮的红色瓷砖砌成的圆形拱门，瓷砖上还铺满了白色波点，整个装饰让人感到轻松。艺术家是谁？对此你应该不会感到意外：是女性设计师安娜贝儿·格蕾，她于

1985 年完成了这幅作品。最后，往北来到芬斯伯里公园。在这里，你能看到巨大的圆形气球，气球细节刻画丰富，用金色和七彩的马赛克填充。艺术家是谁？又一次，你会发现艺术家是女性——还是安娜贝儿·格蕾。

街道指示牌

　　距离芬斯伯里公园稍远处就是伦敦巴尼特区。这是伦敦面积最大的行政区，然而面积并不是它引人注目的唯一原因。在 20 世纪 90 年代末期，它曾引入一种全新的街道指示牌设计，引发了行政区内的抗议浪潮。他们新采用的指示牌融合了该行政区徽章和在其他企业标志中常见的青绿色饰边，取代了原先简简单单的维多利亚式黑色字体路牌。不难想象，反对意见纷至沓来。在文物保护区，反对声音尤其强烈。正常来说，在没有遵照冗杂的规划程序下，你甚至没法在保护区搭建一座花园小棚。巴尼特区委员会并没有事先咨询遗产保护局官员，也没有咨询该文物保护区内负责制定建筑维护标准的基金会，更别提专门管理英格兰范围内历史建筑标准的机构——英格兰遗产委员会了，因此你应该能理解人们愤怒的原因。

　　然而，负责此事的区议会代表布莱恩·科尔曼就此次变动只给了新闻媒体一个解释，引用如下：

　　　　这是为本区设立的全新的统一形象，并将应用到所有的指示牌、出版物、海报、信纸及其他物体上。我很喜欢这些新的路牌，因为它们头一次融入了本区的徽章图案。它们将最终被推广到本区的所有道路上。

新闻报道还说，新设计"改善了巴尼特区的道路形象，赋予了该区一个特别的身份，能让该区与周边的行政区区分开来"。

不幸的是，这位议会委员陷入了一个常见的陷阱，即将己所欲强施于人。考虑到我们之前所谈论过的（第三章），这种做法确实不明智。在这个例子当中，由于某些男性比女性的场独立性要高，所以这次变动所浮现出的问题显得格外严重：鉴于男性在色彩冲突方面的敏感度比女性的要低，因此路牌上的青绿色与四周树木的绿色之间的色差对他们来说不成问题，而对有些女人来说，这让她们感到相当的心烦意乱。

关于街道的环境就先谈到这里。房屋建筑又如何呢？

建筑

男人和女人会设计出不同样式的房屋吗？由于多数房屋设计者曾经接受过建筑训练，设计的方法受到专业训练的影响，因此这个问题很难得到解决。要想进行一项有意义的实验来检测男人和女人"天生的"设计偏好，而非"受训后的"设计倾向，就要采取对照试验，考查学生在接受设计训练初期所创作的作品样本，正如我之前在研究平面设计时所做的那样。

对照试验

有一个与对照试验最接近的例子是由瑞典知名心理学家埃里克·埃里克森在 1937 年进行的实验，在前文也曾提及。埃里克森是一位犹太母亲的儿子，她一直对他隐瞒真实生父的身份。因此，他的一生中和他的学术理论中最关心的问题之一便是身份的形成问题。这项实验为此问题提供了深刻的见解，因此值得我们花篇幅来讨论实验细节。

我们在第二章谈到，埃里克森在实验中准备了一张游戏桌，桌上摆着随机挑选的玩具和积木。接着他让约 150 名青春期前的男孩和女孩将这张游戏桌想象成电影工作室。游戏的唯一要求就是在桌上创作出有意思的场景。这个游戏一定是点燃了参与者的想象力，结果这些孩子创造了约 450 个场景。从这项实验中，埃里克森注意到男孩和女孩在组装积木的方式上有着显著的区别：男孩搭起的是塔楼和其他上行的结构，而女孩搭起的是低矮、环形的结构。

奇怪的是，这项实验预言了 10 年后两位美国研究者——弗兰克和罗森——的研究结果。前文中我们曾简单地提到（参照第二章）并讨论过他们的研究。在实验中，他们要求 250 名学生对不同的图形进行补充。这项实验产生了美妙的结果：男生通常会将图形拉长，将它们变成摩天大楼，女生则将它们变成圆形的房间和房屋。以这项实验为跳板，我们可以考量世界上不同地区在不同时期分别由男性和女性建造的房屋。警告：这一次对建筑行业的初步探索，或许将永远改变你对建筑的认知。

过往百年

只要在互联网上搜索过去一个世纪内设计的知名建筑，你就会看到一长串全部由男性设计的建筑清单。其中，弗兰克·劳埃德·赖特这个名字出现的频率相当之高，一则是因为他在美国"艺术与手工"运动中设计的种种建筑，二则是因为他设计的后1910现代主义风格的建筑。这些建筑的设计主题都是直线性，而且几乎没有任何外部装饰。劳埃德·赖特的导师是建筑师路易·苏利文，他的理念是"形式跟随功能"。而在劳埃德·赖特的手中，这个理念变成了"功能和形式是一体的"。如果你读到过这些历史，就会明白劳埃德·赖特的设计是如何从"艺术与手工"的风格演化到现代主义的。他的宽屋顶式"草原之家"曾经脱离了这个演变的过程。然而"流水别墅"笔直的四边结构则又重新延续了这一风格；整幢建筑戏剧性地坐落在倾泻而下的瀑布旁。人们常常引用这座建筑，作为他"有机"建筑设计理念的例子。所谓"有机"，也就是建筑所在场地与建筑结构之间的联姻，以及环境和结构之间的和谐。然而，无论该建筑场景是多么令人惊叹，这座房屋的直线仍然与水流优雅的流动、树木优美的摆动格格不入，显得十分怪异。

现代主义运动

　　现代主义运动的元老非瓦尔特·格罗皮乌斯莫属，他也是包豪斯运动的奠基人。他坚决反对细节刻画，因此，在他的设计中，飞檐、屋檐和其余装饰性细节都不见了，取而代之的是平房顶、光滑的外墙以及立方体，采用的颜色是白色、灰色、米色和黑色。这一切都是为了功能性。因此，如果你读到任何支持平房顶的观点，那它就与美学毫无关系，而事事皆关实用性——更廉价的维护费用、设施价值（因为你可以将平房顶用作休闲区域）和重建机会。他的作品背后还有一套强有力的思想体系的支持，其创作动力正是来源于"好的设计可以改善人们的生活"这一信念。随着现代主义运动的领导者格罗皮乌斯和密斯·凡·德·罗为躲避纳粹的屠杀而逃亡到美国，为人们重建一个更美好的未来便成了他们的主要动力，现代主义理念也随之在美国兴起。1932 年后，由于亨利－罗素·希区柯克（历史学家和批评家）和菲利普·强森（建筑学家）所著的《国际主义风格》一书，美国版本的包豪斯建筑便开始以"国际主义风格"而闻名于世。

　　如今，国际主义风格深受办公写字楼建筑者们的喜爱。如果你想找几个知名的例子，你可以想一想纽约著名的西格拉姆大厦，这是一座由密斯·凡·德·罗和菲利普·强森在 1957 年共同设计的高楼，由玻璃和青铜组成。你也可以考虑下中国出生的设计师贝聿铭设计的房屋，其中罗浮宫金字塔是他最广为人知的作品。他的其他作品还包括坐落在落基山脉之中的美国国家大气研究中心——这座褐色的建筑是由多个相互连接的长方形组成的，以及位于麻省波士顿的约翰·菲茨杰拉德·肯尼迪图书馆——这是一座巨大的、拥有深色玻璃幕墙的四方形建筑。这些建筑展示出的线性、简洁和深色都是典型的男性审美。根据埃里克森的有趣实验，还有一项典型的男性审美特征，那就是摩天大楼。

摩天大楼的早期代表有 1897 年建于美国的胜家大楼，全高 612 英尺，比胡夫金字塔和科隆大教堂还高（无论是在哥特式建筑还是在现代主义建筑中，高楼一直被看作是男性的产物）。但是，到了 1930 年，胜家大楼就因克莱斯勒大厦的落成而相形见绌。克莱斯勒大厦高 1 046 英尺，是当时世界上最高的建筑。这座大楼是威廉·范·阿伦的杰作，他想借助这座建筑来超越他的前合伙人克雷格·西弗勒斯，并且让克莱斯勒公司和整个汽车行业一展风采。这座建筑耗费了几千吨号称是"尼若斯塔钢"的钢材——也就是如今熟知的不锈钢——当时还是人类首次使用这种钢材。大厦采用了各种汽车和其他标志作为装饰，钢制尖塔雄踞顶端，犹如一把利剑。尽管范·阿伦当时赢得了比赛，第二年，帝国大厦却以 1 454 英尺的高度将其打败。若以埃里克森的实验作为判别标准，这完全是属于男孩的建筑。

不知是幸事还是不幸，现代主义风格渐渐走进了家居设计中，以"现代艺术"的面貌为大众所知。这一点仅凭外表便可以判断。一个极佳的例子，便是格罗皮乌斯 1937 年为自己居住的房子所做的设计，当时他在哈佛大学设计学院教书，房子就在学院旁边。没有哪儿比这所房子的环境更加优美了，它位于一个小山坡上，四周环绕着的是由 90 棵苹果树组成的果园。然而在这田园风光中，格罗皮乌斯却放入了一座完全由正方形和长方形构成的现代主义标志性建筑。还有一个例子，是芬兰著名建筑家阿尔瓦尔·阿尔托于 1938 年至 1941 年间给朋友设计的房屋。这所房子有着相当老派的名字——"玛利亚别墅"，然而，除了地处田园诗意的森林地段之外，这所房子没有一点儿老式风格。它的主要构成形状是长方形，就连烟囱也是长方形的，被称为"20 世纪最为精美的房子之一"。我想有相当大一部分女性会辩驳道，这所房子除了位置以外，离她们的梦想之家还差得远呢。但是男人们则正好相反，他们的感受极有可能跟女性大不一样。因此，让我们做好准备迎接一场理念之间的直接对碰吧。

男人和女人喜欢同样的建筑吗？

金士顿大学伦敦校区艺术设计与音乐学院的院长兼设计历史教授潘妮·斯巴克博士在这个问题上极具发言权。她是一位多产而重要的设计学著作作者。在书中，她提到了"物质文化世界的再男性化"。尽管她的发现并不是像我的研究一样建立在对照样本之上，然而她的许多看法与我们的结论相呼应。在她所著的《只要粉红色》一书中，她谈到了男人对直线、单调颜色、实用性及简洁性的偏好。而女性，据她所说，则更喜爱圆形、丰富的色彩、艺术性和丰富的细节。

潘妮·斯巴克直言不讳地表示，现代主义者所发展的一套设计语言和设计哲学"否认了所有与女性文化相关的特性的正当性"。为了说明这一观点，她谈论了专业（男性）建筑师和设计师是如何全权做主以保证风格与现代性保持一致的。同时，考虑到现代主义是以男性的言语来定义的，她也谈及这种做法为什么会对女性不利。她认为只有当女人"决定加入现代主义这个圈子，并采纳他们的价值观作为自己的价值观"时，女人才能获益。此观点与汤姆·乔丹（见第六章）的观点类似。后者曾说女人要想在广告公司获得成功就"必须创作出吸引男人的获奖广告"。

也许有人会问，既然人们试图让自己的价值观与现代主义理念趋于一致，我们又如何能发现男人和女人天生的、未经诱导的追求呢？正如我们所见，其中一种方式便是研究对照样本中男人、女人、男孩和女孩的作品——尽管在建筑设计的领域中，要做这种研究并非易事。埃里克·埃里克森用他那项有趣的积木实验为这种研究奠定了基础，然而根据我的经验，得到学生建筑设计的对照样本要比获得其他设计作品（如平面设计、产品设计或是网页设计）的对照样本更难。因此，在缺乏对照样本的情况下，我们所能做的就是观察非受控样本的建筑结构。我们从 20 世纪建筑业的发展中揭示了由几位男性倡导者推动的现代主义运动的兴起。那么，你兴许会问，若一幢建筑主要是按女性审美设计的，它会是怎样的呢？

女性建筑设计

接下来的一段时间内，我拜访了不少艺术学院，希望能找到设计作品的对照样本，用来比较男性和女性的作品。我有着出乎意料的运气，竟找到了一个设计墓碑的项目，这是一门预科基础课程的作业。参与该项目的学生都是因为学习一门预科基础课程的要求。结果十分令人惊奇。5 名学生之中有 2 名是女性，而她们设计的墓碑都是圆形的！其中一座是环形雉堞状结构，建筑外部还设有楼梯，形状与建筑的弧线一致。第二座建筑结构弯曲如蛇身，由一环一环的石头组成螺旋形状。男性的设计中则完全没有出现这些特征。其中一个设计由环环相扣的三角形组成一个狭窄的尖顶。另外一个设计是一个拉长了的平面图形，而第三个设计是一座迷你埃菲尔铁塔，四周环绕着银细丝金属结构。

后来我又尝试在一所建筑学校搜寻对照样本，然而那里的每一名学生在跟进不同的项目，因此我没能成功。可是，如果以下这位前建筑学学生的经历可以作为典型例子的话，那么我（在建筑学校）并没有错失什么（有价值的发现）。这位女性当时正在一个与建筑无关的领域工作，但她详细地叙述了早年学习建筑的经历。"两年后我退学了，因为我感觉我的创作空间被压制，我的创作动力总是被引导至不属于我的方向上。"如果她的经历是普遍现象，那么男人和女人在取得设计学位时的作品样本就不具有研究价值了，因而在预科阶段采样十分重要。这正是我在比较男人和女人的平面设计作品以及产品设计作品时所采取的方法（在第二章有详细介绍）。

不过，上述例子仅仅是独立的例子，更重要的是我们需要比较更多的样本。如何找到这些样本呢？人类学家罗伯特·伯瑞弗尔特所写的一本书中有一段话映入眼帘。在文中他列出一个社会群体清单，在这些社会中女人是主要的建筑者。他提及的这些社会群体包括中亚游牧部落、安达曼岛人、内布拉斯加州东北部的奥马哈印第安人，以及加州的塞利印第安人。我不禁庆幸自己家距离大英博物馆的人类学图书馆仅有一站之遥。那么，这些群族的建筑是怎样的呢？

中亚游牧部落

我的研究始于中亚的游牧部落。这些人生活在蒙古、中国东北地区，并延伸至俄罗斯南部干草原一带。他们居住在可迁移的房屋，即蒙古包内。这些住所必须要承受严峻的天气条件，并且能被放置在两到三只骆驼背上以便随时迁徙，因此需要有合适的设计。解决措施是一个简单的结构：中间一根柱子，四周是作为墙体的可延展的圆形屏障，让整个建筑结构呈圆形。皮毡屋顶覆盖于顶部和四周，并常常用明亮的颜色装饰。

这里有一个关键问题，那就是女人果真是蒙古包的主要建筑者吗？罗伯特·伯瑞弗尔特的判断是否正确？1991 年有一篇关于阿富汗家居建筑的文章声称："蒙古包是由 4~5 个女人在 1 小时之内筑起的。"社区中的男人似乎并不了解蒙古包中各个零件的名称，据引用，他们说这是"女人的工作"。这些话间接地证明了伯瑞弗尔特关于女人在房屋建设中所承担的责任的推测。此外，尽管阿富汗近 40 年来游牧生活方式日渐式微，传统的毛毡生产活动仍在地毡生产中得以延续。有趣的是，这些地毡仍然由女人制作，要么留作自己用，要么是为女儿的婚礼准备。地毡细节丰富，色彩纷呈。

安达曼群岛和尼科巴群岛

接下来，我们要研究的就是位于安达曼群岛和尼科巴群岛上的住所。这些群岛坐落于泰国西海岸的孟加拉湾内。由于它们悲剧性地受到该地区两起海啸的打击，岛上不少居民都陆续搬迁到了其他岛屿上。印度当局提供的临时住所也算是五脏俱全，有着镀锌钢板和铝制水管。然而这种住所与我在大英图书馆书中所看到的漂亮的小木屋形成鲜明的对比。书上的照片展示的是茅草盖的房屋，形如蜂巢，由几根柱子支撑，这些才是伯瑞弗尔特归功于岛上女人们的建筑成果。我的心情十分矛盾，一方面为传统建筑没落而感到心酸，另一方面却为发现又一个女性采用圆形作为建筑的实例而兴奋。那么，这些房屋是否真的如伯瑞弗尔特所说是女性的杰作呢？

有一本旧书描述了这些住所是如何建造的。据了解，男人似乎只有在最后关头才对房屋建造有贡献。这似乎进一步证明了女人在建造过程中的角色。以下便是相关的段落："尼科巴人用杆子撑起他们的住所。当屋顶的基本框架固定以后，男人被召集起来，帮忙将房屋移动到它所属的位置。他们的回报是饱食一餐猪肉。"

有意思的是，男人仅仅参与了房屋建造的最后一步，这便说明在房屋建造的其他阶段参与工作的肯定是女人们。因此，伯瑞弗尔特的判断似乎是正确的。

奥马哈人

剩下的工作就是研究奥马哈人的居所了。这个最终被称为内布拉斯加奥马哈部落的民族于数百年前来到了美国大平原。到了 18 世纪末，奥马哈族在今天的内布拉斯加州东北角一带定居，他们的领地面积达到数百万英亩。由于美国政府奉行将土著印第安人赶至印第安保留地并融入自由、民主和资本主义的主流世界的政策，因此 1960 年后，奥马哈人所拥有的土地缩减至 30 000 英亩。

传统上，奥马哈人居住在名为"梯皮"的帐篷内或是小土屋内，两种住所都是圆形的建筑。梯皮由支柱支撑，呈圆形结构，外层有野牛皮制的半圆形覆盖物。土屋则有着圆拱形的屋顶，四周墙有八英尺高。这些也如伯瑞弗尔特所认为的那样是女人的杰作吗？人类学图书馆内的藏书证实了他所说的话，这些搭建住所的工作全是由女人完成的，男人只需协助选址和伐木。重要的是，无论是梯皮还是土屋，这两种房屋的形状都是圆形的。

塞里人的村庄和彩绘建筑

伯瑞弗尔特清单上的最后一项便是来自塞里人的普韦布洛。这个民族居住在加利福尼亚湾旁。理查德·费尔格和玛丽·莫泽的《荒漠民族》一书中将塞里人所搭建的普韦布洛，也即"笔刷屋"，描述为最不同寻常的房屋类型。这些房屋的基本框架是由三到六个圆拱搭成的，圆拱被植物所覆盖，让整座建筑的外观呈现出圆形。重要的是，他们说这些房子"通常由女人搭建"。

在图书馆度过的这一天我得到了十分有用的帮助。我不仅确认了罗伯特·伯瑞弗尔特对于女性在搭建房屋中的角色的判断无误，还在女性所建造的房屋类型中找到一条隐含的特别线索：不同于男人拉长的、直线型的、缺乏装饰的建筑风格，这些房子小巧、圆乎乎的，蒙古包甚至还有许多装饰。我对于有装饰物这一特点十分感兴趣。关于这一点，我在图书馆展开调查的时候，还有两本书也引起了我的注意。

其中一本书是加里·范·威克撰写的，描述了南非约翰内斯堡以南的高原上的彩绘房屋。这个地区以高原无树草原而闻名。加里·范·威克在书中收录了这些房屋的照片，房屋的油漆和装饰都是由巴苏陀族的女人完成的。你也许会认为房屋上的画作灵感完全来源于宗教符号，然而事实远不止于此。据加里所说，有人曾问一名巴苏陀族女人，为何她选择诸如太阳和月亮这样的装饰图案，她回答道："选择这些图案要么是因为它们很漂亮，要么是因为祖先托梦（给她们）交代如此装饰。"巴苏陀族女人的壁画艺术被称为"利特马"（Litema)，其中包含有雕刻图案（在湿石膏上雕刻图案）、壁画、浮雕和马赛克。这些绘画使用明亮、大胆的颜色，令人惊讶的是，他们还极少依赖对规则图形的使用：这与现代主义的风格形成了多强烈的对比呀！

第二本关于彩绘房屋的书名为《彩绘的祈祷者》，同样赏心悦目，值得翻阅。在印度南部，女人们每一天都给他们的房屋画画；在印度东部是每周一次；其他地区频率则更低。这种绘画风格的特点是使用错综复杂的图案，正如我们前文提到过的那只全身布满波点的大象。另一个突出的特点是使用浮雕，比如用泥来制作雕刻有图案的过梁，以装饰简单的过道。

尽管我们所见到的这些房子来自世界不同的角落，却有许多共同点。他们采用圆形，使用柔软、自然的材料。在某些情况下，他们还会添加细节来分割表面，并采用活泼的色彩。从很多方面来说，这些房屋的建筑者们所做的与所谓的现代主义者们截然相反，后者推崇线性、实用性、单调的表面，以及缺乏细节的简洁性。如果是在现代建筑学院里，这些建筑者们大概会被礼貌地请出门，因为他们的风格没有受到现代主义风格惯例的束缚。我必须再一次强调，这两种风格没有高低之分，仅仅是有着天壤之别。虽然狩猎者的建筑和采集者的建筑存在差异，但由于我们所处的环境既有狩猎者又有采集者，两种风格都应当被允许存在。

办公室环境

如果说现代主义遏制了 20 世纪的建筑业，同样可以说它对办公室环境也产生了极大的影响。

杰里米·迈尔森在声名远扬的伦敦皇家艺术学院担任设计研究教授。他说："在玻璃和钢筋混凝土构成的外墙里面，办公室大厦不断地添置用以接待客人的三角黑皮沙发、边缘尖锐的钢制文档储存柜，以及长排长排相似的灰色和米色办公家具。"他还说："大多数人都不能在 5 步的范围外分辨出复印机和激光打印机，它们长得就如同两件摹制品一样。这就是现代科技审美对办公室的束缚。"在办公室内，办公桌严格地沿直线摆放，当办公家具与其他零部件搭建在一起时，办公室也就形如机器。

事实上，我们马上就会看到，并非每个办公室都需要这样设计。

与众不同的办公室

一天，我在灰色的走廊尽头拐了个弯去拜访我的一位女性同事。在她的办公室，我发现了一条色彩柔和的青绿色和粉红色条纹挂毯、陶瓷盆里的植物、精美的艺术明信片，以及针织墙壁挂件。和其他员工一样，办公室主人被分配到的是一间盒子一样的房间，然而她创造出一个家，一个私人空间。

还有一个周末，我在浏览一本周刊杂志时恰巧看见一个与上述办公室类似的办公室内部装潢。这间办公室位于丹麦文化部，那是一场亮丽的青绿色的视觉盛宴，所有的桌子、椅子、地毯、信箱、废纸篓、台灯、挂钩，即使是出于隐私考虑的挂帘，都用了相呼应的青绿色。紧挨着的其他办公室也有类似的设计，如另外一间办公室就采用了糖果粉红色。或许得益于用于分隔不同区域的柔软挂帘以及吸顶灯编织材料呈现的柔柔的褶皱，这个地方有着家一般而不是办公室的感觉。

不出意料，设计师是两位女性——产品设计师玛丽安·布里特·乔金森和家具设计师露易丝·坎贝儿。到底是什么影响着她们的设计呢？坎贝儿说："我一直着迷于家具对空间和人们的影响。我希望在设计中传达这一点。"这个设计项目的重要之处，正是帮助我们看到了设计是如何影响着人们的。另一方面，对于秘书处主管加斯帕·罗诺·西蒙森而言，该设计项目的有趣之处在于现代性。正如他所说："我们想传达一个信息，那就是文化部有着现代的价值观，不惧怕尝试新鲜事物。"

现代主义的诱惑

杂志文章刊登的另外两间办公室则完全是现代主义的范例。其一是广告公司"母亲"的伦敦办公室。该办公室位于一间钢筋混凝土厂房内，由来自南非的建筑家克莱夫·威尔金森设计，他如今在洛杉矶发展。这幢大楼的钢筋混凝土材质成为办公室的主题，一排宽阔的钢筋混凝土楼梯一扫障碍，通往二楼的工作室，而在三楼则有一长排钢筋混凝土桌子——足足有 12 米宽！当你走上顶层（这里出租给了几家小的媒体公司），这儿的空间被肉类市场常见的厚重的挂帘分割开来。身处于这样的环境之中，难怪这家广告公司的座右铭为"适者生存"。

杂志上的另外一间办公室位于荷兰埃因霍芬，属于一家平面设计与出版公司。设计师是阿德·基尔和罗·科斯特，他们选用了成垛的蜂巢纸作为组装零件（想象一下发泡砖你就能明白），以此显示占用这个空间的是创意公司。设计给人的印象是正方形和长方形的块状空间，其中长方形的凹处通往个人工作空间。它所选用的颜色为浅棕色和深棕色。如果你正在寻找一间狩猎风格的办公室，这里就是最佳选择！

办公室和工作效率

在对英国设计委员会进行办公设计入门简介时，杰里米·迈尔森博士探讨了办公室环境与工作效率的关系："新颖的办公环境对员工的工作效率和创造力产生直接而有益的影响。不仅如此，一个好的办公室设计还能帮助塑造一个机构的文化，改善企业形象，加速信息交流，孕育创新。"

迈尔森并未提及性别，但是读者们，让我问问你，你更情愿在哪种办公室工作？在哪儿你更愿意为之加班加点？是丹麦文化部家一般的氛围，还是一家位于大型的钢筋混凝土中，并被错误地命名为"母亲"的公司呢？

我很清楚自己的选择。但是你也可以用这两个例子找点乐趣，比较一下你的老板和同事们对二者的印象。

第八章

虚拟场景

我们对很多事说不，这样我们就能将大把精力花在"我们要做的事"上。

——乔纳森·伊夫（英国设计师，苹果公司首席设计官）2012 年

人们排起的长队从美术馆外部一直延伸到转角之后，看不到尽头，然而当天的余票已经所剩无几。大部分人都被告知要通过互联网或是电话提前预订，以免空跑一趟。当时，我已经通过电话订过票了，只等着把预约号兑换成相应的门票。在队伍中，我注意到有一位挂着双拐的老太太，她正试图引起柜台后面一位男性工作人员的注意。"我很抱歉，但是我的电脑坏掉了，所以像网上买票这样寻常的事情我不能做了。"

我感到难以置信，因为我万万没想到，一个年逾八旬的老人能够如此轻易地把互联网融入她的生活中。这种吃惊更多是对我而言，而非其他。不得不说，我当时感到目瞪口呆，程度不亚于我在年仅 5 岁的儿子多次央求我在网上给他买一套蜘蛛侠套装时所感到的吃惊。电脑一直摆放在我家里，这无异于给"软磨硬泡的威力"这个词赋予一种全新的含义。相比之

下，在收银台处摆放的糖果简直就是小儿科了。要应付蜘蛛侠套装需要一整套新的技能。

在学校里，孩子一旦到了 4 岁，就可以接触互联网了。我 5 岁的儿子就缠着我，要我下载一个卖玩具的网站给他。对他而言，传统的商品目录已经成为昨日黄花。

这些故事说明，互联网已经深入老人和儿童的生活中。实际上，所有的这些只是网络对我们生活持续蚕食的一个缩影。统计数据说明了一切。从 1998 年开始，互联网就一直保持每年 20% 的增长率；2008 年，年增长率估计已经达到了 50%~60%。截至 2010 年 6 月，全球互联网用户人数已经达到了 19 亿（http://www.allaboutmarketresearch.com/internet.htm）。这实际上没什么好吃惊的。

我们都涌向互联网，因为它方便、快捷。不出所料，调查显示，消费者的营销价值大于增加一个销售渠道的成本，预计十分之一的广告预算，就可以带来 10 倍的销量。相比于实体店和商品目录，顾客似乎对网站更加忠诚，他们再次浏览网站的频率要高于再次光临实体店和再看一遍商品目录的频率。此外，对于产品的生命周期正在快速萎缩的产品制造商来说，互联网的灵活性堪称一个巨大的福音：在虚拟的互联网世界中，营销材料和库存信息都可以在真正意义上的一夜之间发生改变。

日益激烈的竞争

市场上的竞争异常激烈，因此网站的设计风格对于能否留住消费者具有至关重要的作用。人们早就意识到，缓慢的加载速度和贫乏的内容会导致消费者流失。2006 年，我和罗德·耿博士一同做了全新的研究，结果显示，设计具有非常重要的作用，而且男性和女性设计的网站外观差别很大。研究的结果一经发表，消息就如同俗话说的——像丛林大火般立刻在全世界蔓延开来。英国广播公司、《华尔街日报》《纽约时报》，还有《华盛顿邮报》都颇有兴趣地对我们的研究进行了报道，紧随其后的还有来自全世界范围内的其他 80 家报纸和网站。

我们都使用网络。该研究表明，网站的外观可以跟目前大部分的商业网站截然不同。同样重要的是，该研究和随后的研究表明，我们在日常生活中所看到的绝大多数网站都是从男性角度构建的，完全没有任何女性元素。

这些研究跟一项新的研究领域——网络使用情况——有不少相似性。后者最近发现，一个网站的视觉吸引力会在很大程度上影响我们对它实用性的判断，也会影响我们在浏览它时的满足感和享受感。这些因素促使人机交互（HCI）领域的研究者们试图分析出一个好的网站设计包含了哪些元素，一个让人不愉快的网站又包含了哪些元素。汉斯·冯·伊瓦尔登和他的同事们通过研究荷兰和美国的不同网站，鉴别出能够导致用户失望的十大因素，其中之一就是图像——对网站设计师所挑选的网页布局、字体和颜色的直观视觉印象。你是否曾经思考过你浏览的网站？你喜欢哪一个？哪些特征吸引你的眼球？

网络美学是一个比较新的研究领域，目前只有极少数的研究分析过能够吸引我们的因素，且这些仅有的研究都倾向于假设某种东西的吸引力对所有人是相同的（见第四章）。与之相反的另一种观念，也就是所谓的"互动"视角，则认为审美情趣因观察者而异，是物体、它的创造者和它的欣赏者之间发生共鸣的产物。

镜像观念

如果我们采取互动主义的观点，也就是本书的立场，"镜像作用"这个概念就会显得极为重要。在产品品牌领域，研究者们已经对"镜像作用"进行了深入的研究。这是因为购买的众多功能之一就是为我们提供自我表达的载体。所以，在设计任何产品的时候，都应该让品牌个性与消费者的自我认知达到一种和谐的状态，这样设计出来的产品才有吸引力。在社会心理学中，心理学家们把这种"镜像作用"称之为"相似吸引"。也就是说，两个人之间越相似，他们对彼此的关注度也就越高，相互之间的吸引力也就越大。

有一个关于人们推特行为的调查研究可以很好地阐释互动主义原则。这是一个称之为 Twee-Q 的工具（推特相等商），它可以在用户最新发的 100 条推特中，计算出他们转发的推特的原作者是男性还是女性（换言之，他们转发的推特有多大比例是由男性撰写的，又有多大比例是由女性撰写的）。这个网站会以 10 分为满分进行打分；得分越低，就说明你转发的推特性别比例越失衡。如果你得到 10 分，那么就意味着你转发了相同数量的男性推特和女性推特。如果你得到的分数低于 10 分，那就意味着你的转发行为存在性别偏向。比如贾斯汀·比伯，他的得分是 4.6 分，说明他转发的推特里，有 69% 的原作者是男性。奥巴马总统只得到了 1.4 分，说明他转发的男性观点多达 87%。重要的是，实时的统计数据显示，有超过 47 300 人曾经使用过这个工具，他们的 Twee-Q 平均得分是 4.7 分。这说明，人们的转发有很强的"同性"倾向性。

人们的反应具有互动性的倾向，这一点的重要性不容忽视。然而，正如我们早前在第三章中所看到的那样，过去人们对网络美学的研究采用的都是普遍主义的立场——寻找一个放之四海而皆准的模式，希望它对所有人的审美选择都适用——因此，他们没有对是否存在互动效果进行测试。考虑到种种证据都支持互动性原则，这无疑是一个重要的鸿沟。当然，如果互联网的使用者主要是男性，这个鸿沟就没有任何实际意义了。所以，搞清楚互联网用户的人口特征对我们来说非常关键。男性和女性分别在网上花费多长时间呢？

网络的受众

我们查阅了网络使用情况的相关数据，结果显示，在美国和英国网络用户的性别比例大体相同。在欧洲大陆，女性对互联网的使用则较之男性略少一些，大约为 38%。但从宏观上来看，在所有条件都相等的情况下，网络供应商们对吸引女性的目光和吸引男性的目光同样在意。当然，特定的行业对两性的吸引力或多或少都存在差异，所以他们对两性的关注程度也会随着目标受众的人口特征而变化。比如，美容业和社交网站的目标受众绝大多数是女性，而足球和钓鱼网站则被男性主宰。介于两者之间的是高等教育方面的网站，男女用户的比例相当。所以，只有在那些由男性所主宰的网站里，了解两性审美才显得无足轻重；而其他的网站供应商们真应该警觉起来，好好想想普遍性原则到底值不值得依赖。

正如在第二章和第三章里所提到的那样，我和一个问题着实较量了一番，这个问题是：男性和女性所创造的网站是否存在明显的差别，第三方又是否对这些网站有特别的偏好？我之所以深入探究这个问题，是为了解决一个关乎审美的、渊源久远的争论。审美究竟是符合普遍性原则还是互动性原则？这两个原则都曾经试图揭开两性创作和偏好的神秘面纱。

男性和女性创作的网站：它们不同吗？

说到对比男性和女性制作的网站，第一个实验比较的是在牛津大学的网址上随机抽取的学生网址。我和罗德·耿博士一道，根据24项要素对这些网站进行了评分。这些要素涵盖网页导航、网页用语和语言学特征等等，在其中的13项要素上，我们发现男性和女性存在显著的差异。"我在分析结果的时候发现，这些差异可真大。"罗德说，"如果我们只是在两三项元素上发现了显著差异，这倒也没什么，但是我们在13项元素上都发现了显著差异，这实在是令人震惊。"

我们检查的三个领域——视觉元素、语言和图片——都呈现出性别差异。在视觉元素方面，我们的评分显示，具有典型男性设计风格的网站喜欢在网页的最上方画一条水平的直线，女性则尽可能避免这样做；在字体颜色方面，男性喜欢使用黑色和蓝色，女性会使用黄色、粉色和淡紫色；在图片方面，男性喜欢插入男性照片（除非是出于性方面的考虑），女性喜欢插入女性照片。

如果说两性所采用的视觉元素如同来自两个截然不同的世界，那么在语言上亦是如此。谈及语言的正式性和非正式性，男性使用的语言比女性要正式得多，而且更喜欢夸大其词地鼓吹他们的成就。相对而言，女性则倾向于自我贬低。所以，一名女大学生的开场白是"我喜欢编织"，这是相当典型的女性语言风格。非同寻常的是，正如罗德所说，这些差异从统计学的角度上来看非常显著。

我们的下一项研究更进一步地探究了这个问题。我们比较了英国、法国和波兰的学生们所制作的网站。结果发现，在超过半数的网页特征上，如对正式语言的运用、字体、色域、主导的形状和线条，以及对两性面孔的使用，男性设计和女性设计又一次展现出了令人震惊的差异。从统计来看，由偶然因素引起这些差异的概率小于千分之一。

至于男性和女性的偏好，我们在第三章中看到，有实验曾研究过男性和女性对两性创作的平面设计、产品设计、包装设计和网页设计各有什么偏好。结果发现，强有力的证据证明了人们有同性偏好。这就意味着，如果你想要吸引男性或者女性的目光，你就必须站在他们自己的、独特的视角上看问题。

然而，我和同事们所做的一项研究显示，虽然在许多行业中，女性顾客的比例已经超过了50%，但这些行业的网站却极少反映女性的视角。因此，在浏览网页的时候，女性很少能发现符合她"采集者"的审美元素，男性则可以看到数不胜数的"狩猎者"审美元素。为了让你对此有个大概的了解，我们不妨来看几个行业。

网站——它们有多适用？

我们第一个要谈的是大学，在这个领域里，男性顾客和女性顾客的比例大体相同，女性略微多一点。如果网页的设计符合这一目标市场的特征，那么我们理应看到，网页的外观两者兼顾，既包含男性审美元素，又包含女性审美元素，不是吗？然而实际并非如此。我和罗德·耿博士随机抽取了一批英国大学网站，结果显示，它们被男性审美观所主导（性别系数是 0.72，而最优性别系数应该是 0.50），大部分网站都是由一格一格的方块组成。如果你想要做个验证，不妨浏览以下大学的网站，你就会明白我们在讲什么了：利兹大学（主页上有 3 个方块，剩余部分都是白色的背景）；伯明翰大学（页面上方有 1 个长方形图片，其余部分为白色）；威斯敏斯特大学（主页上有不少于 10 个长方框）；还有班戈大学（一共有 9 个方框和 5 个长方形链接）。

放眼全世界，情况大抵如此。比如，哈佛大学的主页上有 15 个方框；罗马大学的主页中间是 1 个大方框，被划分为若干个很窄的长方形横行，上面写着链接地址；卡昂大学有 10 个方框；特拉维夫大学有 6 个方框，周围留有充裕的白色空间。事实上，在女性顾客占据了至少一半份额的行业里，采用男性审美观制作网站，对市场而言显然并非最优选择。

在大学网站的顾客中，女性的比例毕竟只是略高于 50%。如果以上所述是真实存在的问题，那些女性顾客占主导的行业所面临的问题则更为严峻。比如，食品杂货就是这么一个行业。不妨快速浏览一下这些网站：美国最大的超市巨头西夫韦公司（12 个方框）；紧随西夫韦之后的是克罗格公司，它旗下囊括了包括弗莱德·梅尔在内的多个连锁品牌（网站上共有 8 个方框／长方形）。我的天啊，这些网站怎么就不能试图取悦一下他们的目标人群——女性呢！

举个例子，在乐购的网站上（www.tesco.com），公司名称是棕色的。考虑到他们的目标人群主要是女性，难免让人感到微微有些吃惊。让人惊讶的并不止这一点。网站上的链接都是蓝色，且在"食品新闻"一项中，大多数照片和专栏都聚焦在男性身上。所以，我们认识了养鸡员哈利·埃尔文先生，看到了他的照片；我们认识了资深采购员马克·格兰特先生，也看到了他的照片；类似，还有一篇文章和一张照片讲的是加里斯·麦坎布里奇先生，他在 G's Growers 种植园工作，这家公司为乐购超市供应生菜已经 30 年有余。接下来，又有一篇文章介绍了卖鱼的吉利恩·辛格尔顿先生，只是没有配照片。难道这家公司的资深女员工就没有任何故事吗？难道甚至连一张女员工的照片都没有吗？要知道，超过 80% 的顾客是女性，而且，正如我们之前讨论过的，人们喜欢看同性的人物图像。不幸的是，网页设计这个职业是由男性所统治的，所以乐购公司的网页设计师们会很自然地采用男性人物图片。然而，有效的市场营销需要摒弃个人喜好，去了解目标市场的喜好。

这一点对形势严峻、群雄鏖战的英国超市业尤为重要。据《电讯报》记者格雷厄姆·拉迪克称："相比于其他国家，譬如澳大利亚，英国的超市行业更为成熟。对主要的食品零售商而言，这必然意味着生意会更不好做，因为没什么重要的理由让食品销量比 GDP 的增速更快。"他说，在一个竞争极为惨烈的市场环境中，"每家超市都必须要展现它们的独到之处，这样才能吸引顾客"。在乐购超市，有多少人曾经扪心自问，他们的主要顾客——女性究竟意欲何求？我在写下这些的时候，乐购公司正在把他们一部分店面的商标颜色换成黑色、蓝色和红色，这无疑是又退了一步。他们早前的商标样式在官网上还可以看到，是一种更为轻快的蓝色和白色，字体下面有一条下划的虚线。

如果说，超市的网页设计不能满足占主导地位的女性顾客的需求，那么中小型美容业的网站也同样不能让女性顾客感到满意。对该行业进行的市场调研显示，女性是主要的消费群体。在某些特定的产品上，男性购买率和女性购买率之间存在着非常显著的差异。这些产品包括：防晒护理（在英国，女性购买率是男性的 3 倍）、睫毛膏／眉笔和彩妆（女性是男性的 8 倍），以及脱发护理（女性是男性的 10 倍）。不过，总体而言，男性购买的美护用品是女性的一半。我和罗德·耿博士合作发表的一篇文章发现，虽然美容护肤业的网站鲜有男性光顾，但它们的外观却由男性审美观所主导，性别系数为 0.68。这就意味着，在他们的网页设计中，有将近 70% 的元素都体现出典型的男性审美，所以在视觉感观上更具狩猎者风格，而鲜有采集者韵味。事实上，电话采访揭示出这些网站中有 78% 都出自男性设计师之手。可见，直觉是正确的！

最后，让我们来谈一谈社交网站，在这个领域中，主要用户也是女性。Pingdom 网从谷歌公司的"双击广告规划"（DoubleClick Ad Planner）工具中收集到的数据，展示了访问各个网站的性别比例情况。以下列出了其中的一些数据：

Goodreads 30/70（男／女）

Facebook（脸书）40/60（男／女）

Twitter（推特）40/60（男／女）

WordPress.com 40/60（男／女）

LinkedIn（领英）47/53（男／女）

Hacker News 76/84（男／女）

Slashdot 88/12（男／女）

数据显示，Facebook 和推特的用户有超过一半是女性，然而这些网站的设计风格却固执地依赖于男性审美观。比如 Facebook，在单调的淡蓝色背景上方，有一条颜色深一些的蓝色横框，里面写着 Facebook 的名称。推特也使用了单调的淡蓝色背景，信息则放在一个个白色的方框里。领英的用户性别比例大约为 50/50，然而他们使用的却是纯白色的背景，只有四条细边用的是蓝色。考虑到用户的人口特征，这些网站只使用单一的蓝色，到底有没有理由可循呢？我猜测，这些网页的设计师大多为男性，他们制作的网站他们自己觉得好看！

我并非想要愤世嫉俗地批判什么。相反地，我想表达的是，许多行业的网站都还可以朝着采集者的方向再推进、美化一下。如果能认识到这一点，很多机构就可以改善竞争策略，并从中获利。毕竟，了解性别审美是一个较新的领域，营销和设计部门的主管们对此可能还一无所知。然而，一旦他们开始注意到这些新证据，那么就无异于是打开了一个全新的调色板，获得了不少能够取悦消费者的新工具。对于消费者而言，倘若能看到风格焕然一新的网站，也将会是一件乐事，毕竟新的设计在视觉感观上会更符合他们的审美。因此，这些新的信息能够帮助双方收获双赢的结果。

顺便提一句，我并非一个人对目前网页的用户界面持有异议。2007 年

4月，米歇尔·米勒对美国航空公司的"连接女性旅行者"网页做了评论。该网页专为女性旅行者打造，包括旅行小贴士、高品质旅游套餐和商业理念，等等。然而网页外观却充斥着各种各样的方格、尖锐的拐角和极小的字体，米歇尔提道："这个设计让我感到索然无味……在访问网站之时，我的第一印象是'哇！好主意，但它不能打动我'。"她总结道："如果你想要给女性提供一些有用的东西，那它必须有实质性内容……你必须向深处挖掘……从内部理解客户需求，学会使用她的语言。"

从某种程度上来说，美容行业巨头欧莱雅公司就知晓这种语言。欧莱雅是全世界最大的美妆品公司，旗下拥有兰蔻、圣罗兰等品牌。相较于超市，它似乎要做得更好，尤其是因为它的网站上陈列着漂亮女人微笑的照片，符合主要的目标人群特征。网页总体的外观和感觉或许偏男性化——信息和照片都放置在方框里，背景大多是白、黑两色——然而，女性的照片，尤其是微笑中的女性照片，实在是重要的优势。你还记得马耶夫斯基的研究吗？他发现，女性倾向于绘制笑脸，且倾向于被典型的女性视觉元素所吸引。所以，这些照片很可能会对女性消费者产生有力的影响。2012年，欧莱雅公司获得了超过17%的净利润，这个成绩在经济萧条时期是相当出色的。

欧莱雅公司对多样性有很强的意识。2013年，欧莱雅参加了在巴塞罗那举行的全球多元化与包容性大会，并和我一同就多样性问题做了报告。这种意识也清晰地体现在他们的网站设计上。然而除此之外，尽管女性拥有巨大的购买力，要想找到一个包含女性审美元素的网站绝非易事。本书即将付印之时，我想要给我正在写的一篇文章（主要是关于性别和网站）配一张新的照片，我在互联网上四下寻找能帮助我的摄影师。我一眼就看中了一个网站—— http://www.clarewestphotography.co.uk/ ——一是因为网站的品质很高，有种自制网站的韵味（如果你滚动鼠标到网站的底部，就可以看到在略显不规则的长方形中，有四个链接，每个都是用一种不同的、漂亮的颜色书写的）。二是因为他们的照片品质非凡。看那些订婚的照片，就好像我们真的是隐匿的观察者，注视着人们生活中亲密的瞬间。所以我最终选择了让克莱尔·韦斯特（Clare West）来帮我拍照，结果非常满意。

回到欧莱雅。其网站风格与直接用户的喜好还有公司的文化相吻合，这绝非出于偶然。他们雇用什么样的团队决定了他们能创造出什么样的设计。所以，你平常访问的那些网站，都是谁设计的呢？

网站设计师是谁？

你也许会想，互联网是如此重要，那么关于网页设计行业和设计者的身份，一定有很多信息吧。事实上，在这个至关重要的领域里信息贫瘠，几乎没有任何公开发表的消息。因此，我必须亲自调查研究。我交谈过的一个人物是大卫·丁斯代尔，他直到不久之前还是两个英国主要政府网站的负责人，一个是 Business Link 网，另一个是 Directgov 网，该网站是第二个囊括了所有政府服务的导航网站。2013 年 2 月，在他搬到阿托斯之后，我们一同在巴塞罗那举办的一个全球多元化会议上做了关于性别营销的报告。他在报告中放了一段录像，一一介绍了团队的所有成员："这是尼克、肖丹、马克、基尔、菲尔、卡尔、尤坦、加里斯，还有，这是梅根。"所以，这个团队中的大部分都是男性（而且很年轻），这就引出了一个大问题：这个构成比例有多大的普遍性？

在这个问题上，由于没有任何公开发表的数据，所以是时候从头再来，做更多的采访了，不过这次的采访对象是顶级互动设计机构的人力资源人士。事实证明，这些谈话极具启发性，其中最主要的发现是：网页设计师都出自计算机背景或者制图学背景。因此，只要了解这两种行业的人口特征，就可以揭示出网页设计行业的人口特征。

我决定首先研究平面设计领域。然而我发现这个领域是另一个黑洞，几乎找不到任何有关从业人口特征的数据。走运的是，特许设计师协会（CSD）允许我查阅他们 2006 年的会员信息。该协会是一个专业协会，成员遍及全世界。这些数据显示，女性占毕业生的 56%，协会成员的 21% 和协会会士的 12%。由此可以看出这个行业的大致轮廓，中高层由男性所主宰。所以，如果平面专家们转行去做网页设计，那么平面设计领域也很可能会有高比例的男性员工。

接下来研究计算机行业。有关该行业的从业人员人口特征，可以找到大量的信息。数据显示，从 20 世纪 90 年代开始，平均有 78% 和 81% 的从业者为男性（罗伯特森等，2001）。无论是在哪个层次，无论是在信息系统、信息技术和计算机科学三大领域中的哪个方向，男性在行业中都居于统治地位，仅因为国家不同和信息技术方向不同而存在少量差异。比如，在美国，20 世纪 90 年代计算机职业的女性比例从 35.4% 下降到 29.1%。在英国，1994 年的数据显示，女性占所有计算机科学家的 30%，系统分析师的 32%，电脑程序员的 35%，信息系统技术支持主管的 10%，项目负责人的 18%，以及应用开发经理的 14%（伊格巴利亚和帕拉休拉曼，1997）。这些数据接近于美国研究起始阶段的调查数据。如果考虑到在 20 世纪 90 年代，英国女性进入计算机相关专业攻读学士和硕士学位的人数锐减，那么结果自然是，从计算机行业进入网页设计行业的女性人数也不断削减。再加上我们所知道的两性平面设计师比例，可以合理地断言，网页设计是一个被男性所主宰的领域。

我们能够扭转乾坤，让网页设计行业的性别比例更为均衡吗？这似乎并非易事。原因之一是，在信息技术行业，偏态分布的男女比例导致了"男性计算机文化"的盛行，行业中充斥着"男性话语"和技术问题至上的原则（罗伯特森等，2001），这些都很可能会阻止女性进入或者留在这一行业中（同上）。作者们建议，只有包容"更多不同的技能和话语实践"，才能吸引更加多样化的人群加入这个职业中来，也才能真正改变行业文化的男性本质。

对网站而言，这种改变可能会产生强有力的影响。如我们刚才所见，制作 Directgov 网站的团队主要是由男性构成的。而 Alexa 公司的网络分析显示，访问该网站的人群主要是 18~24 岁、尚无子女的年轻男性。该网站原本是为了造福普通大众而构建的，然而它的使用人群恰恰和它的制作人群是相同的。如果你研究一下汽车网站的受众，就会发现，尽管女性购买者已经略微多于男性购买者了，情况也是大抵相同。

启示是很明确的。倘若大企业能够设计出真正反映直接用户喜好的网站，用户就会更开心，大企业也能够在目标市场中抓住更大的市场份额。目前的恶性循环就能变成良性循环，同时造福于顾客和机构。若要达到这一点，只需在人员特征上多下些功夫——建立一个性别比例更为多样化的网页设计团队——或者组织定期的培训。我说"定期"是因为（正如我们在第五章结尾所看到的），我曾经为一个男性网络设计师团队开展研讨会，帮助他们发现怎样才能让他们公司的网站对占主导地位的女性市场更有吸引力。这个团队非常出色地对网站做出了改变，摒弃了原先的"狩猎者"

外观，替换成了对"采集者"受众更具吸引力的风格。他们也成功地吸引到了更多的女性点击率。然而，当 6 个月后，我再一次访问这个网站，我发现它又恢复到了"狩猎者"的外观。这让我想起了萧伯纳的戏剧《卖花女》。语音学家亨利·希金斯在试图把伊莱莎·杜立德从一个街头卖花女，转换成一位优雅的上流社会女士的过程中发现，他也并非无所不能。同理，我意识到，在这个狩猎者－采集者设计的世界里，我们可以教会男人像女人那样思考，但效果却转瞬即逝！

第九章
艺术世界

> "每种心理类型的人都倾向于欣赏相同心理类型艺术家的作品。"
>
> ——琼·伊文斯（英国艺术史家）

洞穴壁画

1994 年，一位叫让－玛丽·肖维的法国人在法国东南部的阿尔代什山谷发现了一个洞穴。如今这个洞穴被称为"肖维岩洞"，里面布满了可追溯到 32 000 年以前的动物壁画，是迄今为止发现的最古老的洞穴壁画。其精美程度可以与拉斯科洞穴的传奇壁画相媲美。

作画的艺术家是什么人？评论家们通过华丽的辞藻弥补了他们在精确信息上的缺失。法国洞穴专家让·克罗地形容道，他"站在人类伟大的艺术杰作面前"，而这些作品出自"冰河时代的列奥纳多·达·芬奇"之手。很显然，他认为这些壁画的创作者是男性。《艺术的故事》的作者贡布里希也被深深打动，他言简意赅地感叹道："人 ① 是一个伟大的奇迹。"在这些优美的辞藻背后，蕴含着一个共同的假设，即艺术家是男性。英国的报刊恰当地使用了史前男人的速写作为插图。

这一假设并非最近才出现。《艺术：一段新历史》的作者保罗·约翰逊就曾经讨论过洞穴艺术，他把这些洞穴艺术家们称为"宣扬了自己的伟人们"。他十分钦佩他们，认为他们在世的时候都享有很高的社会地位。他的逻辑非常有说服力。据他所说，艺术家们必须要使用火把照明，而火把要消耗掉大量的动物脂肪，所以他们必须备受尊敬，才能被获准使用如此珍贵的资源。其次，除了站着、躺着和蹲着创作的壁画以外，其他的壁画要么规模宏大，要么离地面许多英尺高，这就不得不依靠脚手架的辅助了。例如，在比利牛斯山的拉巴斯蒂德洞穴，壁画里就出现了一匹离地 14 英尺的巨型野马。而在冯德果洞穴，著名的披毛犀壁画出现在一面巨大洞穴墙壁的高处。在拉斯科洞穴，墙壁上的凹槽也证实了在壁画创作时曾经使用过脚手架。

还有一个理由，可以说明这些史前艺术创作者拥有很高的社会地位，那就是，他们极有可能得到了大量人员的协助。这一说法的依据主要来自创作壁画的巨大工作量，而且，在艺术家开始创作之前，首先必须要完成大规模的准备工作。例如在拉斯科洞穴，被称之为"画廊"的巨大拱顶长度超过 100 英尺，宽度超过 35 英尺。在鲁菲尼亚克洞穴，洞穴向山里延伸超过 6 英里。在它内部数量庞大的壁画中，有些雕刻画接近 7 英尺长。

要支持如此规模宏大的工程，必须要做大量的前期准备工作。油灯须得添满油，火把得举起来，脚手架得固定好，还要用小树枝、鸟类的羽毛、树叶和动物的毛发制作好笔刷。另外，还需要定期调制颜料，因为有

---

① 英文中人和男人是同一个词，man。

些风干得很快，所以必须要尽快用完。没有这一系列的准备工作，艺术家们很难有什么作为。让·克罗地和保罗·约翰逊认为，那些地位显赫、能够调动这些资源的人肯定是男性。他们的推理正确吗？

依照本书里已经收集到的证据，我们可以根据壁画的风格和反映的主题，来试着推导一下壁画创作者的性别和性格。在主题方面，我们发现对生命的表达要多于展现暴力，壁画中大多展现的是怀孕的动物，刻画的是危险猛兽，如凶猛的猫科动物和洞熊等温驯、和平的一面。除了个别地方有男人被长矛刺倒的暴力场面，大多数壁画的主题都与生命相关，这说明，壁画的创作者更有可能是女性，而不是男性。

关于旧石器时代艺术家性别的进一步线索，来自从俄罗斯干草原到法国西南部和西班牙北部这广袤的地区里，发现的几百个雕像和雕刻品。这些圆嘟嘟的、被称为"维纳斯"的小型雕像都有夸张的胸部、臀部和腹部。虽然它们的准确寓意很难解释，但很重要的一点是它们刻画的都是女性，而已发现的男性雕塑即便不是完全没有，也是非常稀少的。如果你还记得男性和女性都倾向于刻画同性人物，你就应该可以明白，倘若当时的艺术家能够自由创作，这些塑像和雕刻品就很有可能出自女性之手。

关于壁画的主题就说到这里。画像和雕像的形状也是一个至关重要的线索。如果你仔细看小型雕像的形状，例如在奥地利发现的著名的"沃尔道夫的维纳斯"，你会发现它完全是由圆滚滚的形状和头部周围细致的串珠刻画构成的。类似的圆形在洞穴壁画里的动物形象上也清晰可见，在它们的刻画中，明显缺乏直线。这些艺术家们似乎很享受描绘动物的曲线、下腹部和犄角。这种曲线，还有这种程度的细节刻画，很像是出自女性之手。

还有最后一个线索，能够对我们的侦探工作有所裨益。在好几个洞穴里，都发现了赭红色的小手印。法国学者米歇尔·施密特－谢瓦利埃在艺术杂志《莱昂纳多》上发表的一篇精彩文章指出，这些手印看起来像是女性的手印，再加上刻画女性人物的小型雕像不计其数，他推断，法国西南部的很多洞穴壁画都是出自女性艺术家之手。如果我们把形状以及和平的主题这两点证据也纳入考量之中，那么不得不承认，这些艺术的创作者就是女性。

几万年以后，在新石器时代晚期的 4000 年前，人类步入了一种层级简单的社会形态之中。大酋长和男人位于社会的顶端，女人和未成年男性居于次要地位，幼子孩童则位于社会的最底层。这一新社会时期的艺术作品展现出大量的抽象几何图形装饰，而少有描绘动物和自然物体的内容。看起来，女性统治艺术的时代终结了。

洞穴艺术到现代艺术

从探索原始艺术再往前走一步，用同样的分析方法，去探索当代男性（和女性）创作的艺术，是相当吸引人的话题。我们可以问这样一个问题，男人和女人在艺术作品中分别会留下怎样的指纹？这是一个思辨性的工作，它并不"科学"，因为不能用到控制样本。相比于设计，想在美术中做到这一点要难得多。所以我决定改为选择由家庭或者婚姻联系起来的成对艺术家做对比。我们的研究从 17 世纪开始。

17 世纪的花卉绘画

我们从花卉绘画开始说起。这些绘画勾勒了非常精美、但不符合植物学常识的丰满的郁金香、玫瑰、丁香和百合花，如宝石般的昆虫在其间熠熠生辉。如果你身处 17 世纪的荷兰，是个时髦的人，那么你就不会不熟悉威廉·范·阿尔斯特和玛丽亚·范·奥斯特韦克的大名。他们两人都是那个时代最炙手可热的花卉绘画师。范·奥斯特韦克是范·阿尔斯特的学生，传说当他向她求婚的时候，范·奥斯特韦克是这样回应的：他得追求她一整年，而且结婚前每天要画 10 个小时的画。在这些苛刻的条件面前，难怪他们的浪漫从未开花结果。

虽然在婚姻方面不太成功，但他们二人倒有很多相似之处。他们都非常善于绘画花卉，并且二人都很富有。他的作品据说"价格高得离谱"，而她的收入也足够她支付高昂的赎金（1 500 和 750 荷兰盾），来释放两名被阿尔及利亚海盗囚禁的士兵。

他们的绘画有什么异同呢？他们创作的花卉布局都不对称，其中范·阿尔斯特还是最早一批创作明显非对称绘画的画家之一。但是如果你仔细对比二人的画作，就会发现不少细微的差别。威廉作品中的花卉都很大，玛丽亚画的花卉则大小混搭，既有硕型花卉，又有非常小巧的花朵，比如铃兰和丁香之类，填补在较大花卉之间的空隙处。而在威廉的作品中，很难见到这种用法。

他们在着色方面也有细微的差异。在威廉的画作中，相邻的位置总是选用在色轮中相对的颜色（一般称为对比色或互补色）。例如，蓝色和橘黄色位于色轮上对立的两点，在他的作品中却经常被放在相邻的位置上。如此把互补色放置在一起，可以营造出一种强烈的对比效果。威廉毕竟是玛丽亚的老师，而且他们生活在同一时代，还进行同种类型的创作。所以，我们兴趣盎然，想要看一看玛丽亚是否也把互补色放在相邻的位置上。

> **色轮**是艺术家和设计人员经常使用的一种工具，就是把不同的基本色调和颜色按照一定的规律在圆盘上排成一圈，由此可以看出各颜色之间的相互关系。
>
> 从传统上而言，色轮由十二种基本颜色组成。在色轮中相互邻近的颜色被称为和谐色（例如红色、橘色和黄色）。在色轮中相对的颜色被称为对比色或（略微有混淆性的说法）互补色，例如红色和绿色，以及橘黄色和蓝色。
>
> 注意：在本章中我们既提到了对比色，又提到了互补色：它们的含义相同。

对照着色轮，我研究了几幅玛丽亚的作品。我很快就发现，尽管她是他的学生，她却尽可能地避免使用这种颜色搭配。在她的作品中，随处可见的是和谐色的运用，把互补色分隔开来。所以，蓝色－紫罗兰色的花朵并不紧挨着黄色－橘色的花朵，而是被红色和白色的花朵在中间隔开。我们自己的研究发现，这种颜色的搭配方法是典型的女性创作手法。我把这种颜色搭配称为象限色，因为它们通常都是色轮上相隔四格的两种颜色相互搭配（而互补色处于色轮的对立面，中间相隔 6 种颜色）。这种相隔四格、相距四分之一圆的搭配方式还没有被人命名过，但是我注意到，它在相当长的时期里一直为女性创作者所使用，所以我认为应当为它命名。

印象派画家

多年以前，在我还没有对性别审美产生兴趣的时候，我曾在伦敦的国家美术馆遇见了一位朋友。我们一起喝了杯咖啡，然后漫步到附近的印象派画廊里。我碰巧有点近视，而且经常把眼镜落在车上，所以从一定的距离之外看，只能看到这些画作模糊的轮廓。然而，在画廊所有的画作中，还是有一幅立刻就吸引了我的注意力，让我不由得上前近距离欣赏它。它最初看上去是大块的祖母绿色和蓝色交相掩映。而当我走近以后，我辨认出两个女人的轮廓，她们戴着草帽，穿着蓝色的衣服，坐在一艘小船里，在她们的背后是波光粼粼的蓝绿色水面和祖母绿色的树木。我抬起头，仔细地辨认着画家的名字，发现画家居然是贝尔特·摩里索。而这幅画是整座国家美术馆仅有的 14 幅女性画作之一，而剩余的 2 500 多幅画都是出自男性画家之手。

回到今天的话题，我一直想知道为什么那幅画会如此吸引我。我在图书馆里查到：贝尔特·摩里索生于 1841 年，她嫁给了马奈的弟弟尤金。她几乎参加了所有的印象派画作展，只缺席了女儿朱莉出生之后的那一次。据她的传记作家让－多米尼克·雷伊称，她留下的作品数量仅仅"比马奈少了一点"。他们俩的寿命长度只相差了 3 年，马奈只比她年长 9 岁，所以把他们二人的艺术作品放在一起比较是很合理的。

我让两个学生分别检查（随机抽取）摩里索和马奈的作品各 10 幅，然后使用色轮，记录下画中的主要颜色搭配情况。这些画都创作于 1860 年到 1900 年之间，所以它们都诞生于同一段时期内。我们检查的作品数量不大，所以这个研究从本质上来讲是一项试点研究。然而，这两名学生的检查结果却是惊人的一致：在摩里索的作品中，两名学生都没有发现任何对比色的痕迹。在马奈的 10 幅作品中，一名学生发现了 7 处对比色，另一名学生发现了 6 处。

当我回过头来，根据这些发现，再次检查摩里索和马奈的画作时，我发现，他们在使用对比色方面的差异简直一目了然。以马奈的《阿让特伊》为例，该画作如今收藏在比利时的图尔奈美术馆中。它描绘了一对恋人相互依偎着坐在一起，背景里是一个港湾，明亮的蓝色海水泛着粼粼波光。这对恋人的帽子和衣服是棕色与橘色的，与海水的蓝色形成了互补色，从而突显出鲜明的对比，而不是与海水融为一体。同理，在女士的裙子上印着棕色与浅蓝色的条纹，它们也构成了互补色，形成对比。画中的人物没有融入背景之中，这种风格同样可见于马奈的《梅》。如今这幅画收藏在美国华盛顿特区的国家美术馆中。它描绘了一名穿着粉色衣服的年轻女士，坐在浅绿色的背景前。画家再一次通过使用互补色，来突显画中的人物。

对比一下摩里索在同一时期的绘画作品。多年前，在伦敦的国家美术馆中吸引我的那幅画作——《夏日》，描绘了两位身着蓝色 – 紫罗兰色色系衣服的女士同乘划艇。背景中的湖水和树木则是深深浅浅的绿色。绿色和蓝色 – 紫罗兰色在色轮中距离非常近，所以，比起马奈作品中的人物，这幅画作中的女人们与画中的背景更加融合。同样的配色方法还可见于摩里索的《花园中的女人和小孩》和《坐在公园遮阳伞下的女士》两幅画作中。前者收藏在苏格兰国家美术馆中，后者收藏在纽约大都会艺术馆中。这两幅画里的人物都身着蓝色－紫罗兰色的衣物，处于绿色的背景之中。在纽约的那幅画里，女人所坐的长凳与她的衣服和遮阳伞颜色相同，从而削弱了人物与背景的对比。结合之前有关男性和女性相对场依赖性的讨论，我们不难得出结论，摩里索的画作代表了女性更强的场依赖性，马奈的画作则体现了男性更为出色的场独立性。正如我们所看到的，女人更倾向于将事物融为一体，而男性更倾向于将事物突显出来。

我们不妨停下来片刻，思考一下这些不同的倾向能给我们带来什么启示。如果男性和女性都受到相似相吸原则的影响（正如我们之前所提到的"同性偏好"），那么男性画廊策展人和男性画商们——自古以来他们一直是主导者——就很有可能会更钟情于男性而非女性的画作，更钟情于"狩猎者"而非"采集者"的画作。这或许可以解释为什么，如我们之前所见，女性艺术家，或者说是"采集者"的艺术作品，只占据了伦敦国家艺术馆馆藏中极小的一部分。如果自古以来，女性一直统治着交易商和策展人两大职业，那么现在的国家艺术馆里大概就布满了女性的画作。就目前的情况来看，大多数的国家美术馆都陈列着男性的艺术作品，它们应该被称为"国家男性美术馆"，因为这似乎才是他们的主要使命所在。而女性看待事物的方式被完完全全地忽略了，因为这对那些管事的人来说，实在没什么吸引力。

这一观点或许乍一听起来很玄虚，它实际上并非空穴来风。利兹大学的艺术社会与批评史教授格丽泽尔达·波洛克，在她1988年出版的《视觉与差异》一书中写道："自古以来，女性一直都在进行艺术创作，但是……我们的主流文化却不愿意承认这一点。"她还评论道："……只有在20世纪，艺术史开始成为一门制度化的学科之后，大多数的艺术史才开始系统化地把女性艺术家从记录中抹去。"

讽刺的是，很大一部分艺术欣赏者都是女性。而且，倘若我的经历足够典型，那么她们从女性艺术中所汲取到的乐趣，绝不亚于男性欣赏者从男性艺术中所汲取到的乐趣。这样想的不单单是我一人。不久之前，我曾和剑桥大学一位著名的艺术史学家共进午餐。他是否也认为男性和女性的画作有区别呢？他为自己斟了一杯葡萄酒后，说道："毫无疑问，相比于男性，女性对颜色更为敏感。几个世纪以来，这一事实加剧了人们关于素描和油画哪个更重要的争论。"

他接着描述了16世纪在佛罗伦萨人和威尼斯人之间发生的那场白热化的争执，争执的焦点是制图术和色彩哪个更重要。这股热潮一直持续到17世纪，不过此时争论的地点换成了法国，而法兰西学术院倾向于贬低颜色的重要性。后来，在英国，洛克主张构图的重要性要高于色彩。他的依据是，构图是由大脑来理解，而色彩是由感官来理解。因为大脑优于感观，所以形式优于色彩。

在把法式焦糖布丁塞进嘴里时，故事也说到了19世纪。当时法国内政部装饰艺术部的负责人，查尔斯·布兰克，在色彩方面写下了许多轰动一时的文章。布兰克认为，构图是艺术的男性部分，而色彩是艺术的女性部分。听到这里，我感到十分诧异。而当我听到他关于互补色的见解时，差点把咖啡洒出来。他认为"当互补色联袂出现的时候，便是胜利的联盟"。对于这样的见解，男人和女人的反应恐怕会大不相同吧！

现在让我们回到图书馆，继续比较男女艺术家。这一次，我们的研究对象是玛丽·卡萨特和德加。玛丽·卡萨特是美国人，然而她一生中大部分的时间都是在巴黎度过的。1877年，她经历了她生命的转折点。画家德加来到她位于蒙马特区的工作室拜访她。他被她的作品深深地吸引了，建议他们二人不妨一同脱离严苛的沙龙评委体系，在印象派的画廊里展出作品。"我很愉快地接受了这个提议，"玛丽在多年后回忆道，"我很讨厌传统艺术。我开始了真正的生活。"自此以后，她再也没有给沙龙评委们送去过一幅作品。她与德加在艺术上志趣相投，他们的这次会面，让她从一名称职的职业画家，变成了那个年代最具创造性的艺术家之一。

从他们二人对传统沙龙的态度不难看出，他们对艺术创作的精髓有共同的理解，因此，我们可以把他们的作品进行比较。就像我们对摩里索和马奈作品的对比一样，这个对比研究也不算科学，不过，它可以让我们对两位艺术家的用色特点有个大致的了解。

我们从玛丽·卡萨特的《阳台上怀抱小狗的苏珊》开始谈起。这幅画如今展出在美国华盛顿特区的科克伦美术馆里。画中描绘了一个小女孩坐在自家阳台上，背景是树木和蒙马特区的街景。这幅画的色彩，与之前提到的贝尔特·摩里索的两幅作品相似。卡萨特甚至在内侧加入了一条竖线，来与阳台外的绿色背景相呼应。这使得小女孩所处的环境与远处的世界紧密地联系起来，和摩里索在《坐在公园遮阳伞下的女士》中的做法类似，后者则关注于要把人物形象与周围环境融为一体。在卡萨特的另一幅作品《五时茶》中，两个年轻女人坐在长沙发上，她们身着蓝色－紫罗兰色的衣服，与旁边的墙纸、壁炉和茶具的颜色相同。又一次，人物与环境又融为一体了。

如果我们把卡萨特的这些作品，与德加在同一时期完成的两幅作品相对比，结果是相当有意思的。一幅是《明星》，另一幅是《爬楼梯的舞者》，它们现在都收藏在巴黎的奥赛美术馆中。两幅画作都声名在外，深受人们的喜爱。第一幅画描绘了演出明星在空旷的舞台上独自表演的场景。她的芭蕾舞短裙上点缀着红色和黄色的鲜花，黑天鹅绒的颈带飘向一边，展现出动态的元素。至于色彩，主要的色彩是蓝－绿的舞台，以及她舞裙和头发上的红橘色小花。这两种颜色处于色轮的对立面。第二幅画描绘了舞者们正沿着楼梯登上彩排区的场景，她们的舞裙是浅蓝色的，而彩排区是橘黄色的。同样，这两种颜色也是位于色轮对立面的互补色。

所以，下次你再买生日贺卡的时候，如果看到上面印有这些广受欢迎的绘画，不妨问问你自己，你最喜欢哪一幅图。或许，色彩会给你的选择带来微妙的影响。

20 世纪的装饰艺术家

在 20 世纪的前 25 年中，人们对装饰艺术的兴趣爆发了。当时的画家和艺术评论家——罗杰·弗莱，鼓励年轻的艺术家们，不要仅仅通过有时走运卖出一两幅画作来谋生，还可以做室内装修和设计各种物品，比如桌子、椅子、壶、碗、花瓶和箱子等。其思想是，这些物品应与壁画，窗帘和软装饰相协调。

他的"奥米茄"工作坊展出的作品，主要出自瓦妮莎·贝尔和邓肯·格兰特这对夫妻设计师，以及围绕他们的艺术家圈子。不幸的是，受到第一次世界大战爆发的影响，这间工作坊及其设计理想只维持了几年之久。然而瓦妮莎和邓肯几乎合作了毕生的时间，他们那栋位于苏塞克斯的不同寻常的房子可以说是他们毕生成果的典型体现。这栋房子称之为"查尔斯顿"，目前对公众开放。如果对比他们二人的作品，应该会硕果累累。

因为，和我们之前观察的其他成对的艺术家一样，他们两人身处于同一艺术传统中，只不过这一次是应用美术领域。在他们庞大的作品库中，选取一个小样本进行比较，应该会相当有趣。

在 20 世纪 30 年代，贝尔和格兰特被委托为克拉丽丝·克里夫设计盘子。他们的作品在表面上有相似之处，都在盘子中心呈现一个带有边缘的花卉图案。然而，如果你仔细观察，就会发现，邓肯·格兰特的设计中，所有元素都是独立的（有时包含在矩形框的边界内）。与此同时，瓦妮莎绘制的花卉则与圆圈相互重叠，与它们的背景边界相互交错。如果你把她的面料设计和邓肯·格兰特在同一时期为弗吉尼亚·伍尔夫编织的地毯相比较，你会发现它们有许多共同图案。但他的图案设计得更大，更明显而且相互分离，而她的图形则充满了精致的波点和小巧的细节设计，边缘是由交织在一起的圆圈组成。

20 世纪末期

艺术家们之间很容易产生浪漫的情愫，随随便便就可以想出几个从近代初期以来的例子：奥古斯都·约翰和他的第一任妻子艾达·内特尔希普，他们是在斯累德艺术学院读书时相识的；毕加索和画家弗朗索瓦·吉罗（在毕加索众多的女人之中，她是唯一主动离开他的，因此声名大噪）；亨利·摩尔和伊琳娜·拉德斯基，伊琳娜当时在皇家艺术学院学习绘画。在极少数的情况中，伴侣双方能同时在艺术圈里声名大噪。在 20 世纪，这样的例子包括索尼娅和罗伯特·德劳内，还有本·尼科尔森和他的第一任、第二任妻子，温妮弗莱德·尼科尔森和芭芭拉·赫普沃斯。鉴于在这些关系中，双方都取得了显赫的成就，比较这些丈夫和妻子的作品将会很有意思。

我们从索尼娅和罗伯特·德劳内开始说起。索尼娅出生在现在的乌克兰地区，父母地位卑微——她的父亲是钉子厂的工头。因此，她被家庭状况殷实的舅舅和舅妈收养，并在圣彼得堡接受了优良的教育。她当时的一位老师发现她有绘画方面的才能，于是敦促她去德国的艺术学校进行学习。1905 年，她从德国搬到了巴黎。她曾和一位同性恋画廊老板结婚，可能是为了防止被召回到俄罗斯去。在那之后，她遇到了罗伯特·德劳内，怀孕，同前夫离婚，然后再婚。德劳内夫妇成为一场艺术运动的领导者，这场运动后来被称为"奥费主义"。他们试图使用带有抒情性的色彩，来柔化立体派的艺术风格。所以，德劳内夫妇的画作不同于毕加索和布拉克，后面二者创作的是主要使用单一色调的立体派作品，而前面二者则使用明亮的色调，和大胆的、重复的图案。从表面上看，德劳内夫妇的作品非常相似。现在，让我们一起更仔细地审视一下他们的作品吧。

罗伯特画了好几个不同版本的埃菲尔铁塔，最早的一个版本可以追溯到 1909 年。这幅画描绘了一座色彩亮丽的铁塔，绿色与红－橘色相互毗邻。他大胆地使用互补色，且升华了他所谓的"同时对比"，这都是因为他在很大程度上受到了米歇尔－尤金·谢弗勒尔的影响。谢弗勒尔曾任巴黎国家格柏林纺织工厂的染料生产主任。他在 1839 年发表了一篇经典的文章——《色彩的同时对比法则》。在文章中，他阐述了他的"色彩理论"，认为在相邻的区域里使用互补色"优于其他所有选择"。大约 70 年后，罗伯特·德劳内在自己的文章中指出："通过同时出现的对比达到色彩同时性……是唯一真实的绘画方法。"所以，罗伯特·德劳内创作了抽象画《韵律》，他对互补色的使用具有十分锐利的精确度，把色轮中的互补色切开，放在相邻的位置上。

实际上，说罗伯特和他妻子的创作之间有明显的相似性是种误导。他的画作的一大特点是如刀锋般锐利的鲜明性，然而她的画作从未达到此高度。她的绘画更多的是一种淡淡的异想天开，该特点也可见于她大量创作的纺织品图案之中。在她所有的艺术创作中，她似乎热衷于使用模糊不清的不规则轮廓、弯曲的形状，以及大量的细节刻画。你可以愉快地看到，她绘制了一个粉色的涡卷形设计，上面有向外延伸的蓝色－紫罗兰色圆点，又或者是一个蓝色的图案，里面有无数红色波点。她的画作有大量的细节刻画，而且使用的颜色都是在色轮上相互间隔不超过四格的颜色。

有趣的是，她非常清楚他们作品之间的区别。她说她的创作但凭直觉，然而她的丈夫是个科学家。"我的生活更多的是身体感观，"她在1978年回忆道，"他会思虑再三，而我总是立即就画。我们在很多方面都思想一致，但有一个根本的区别。在纯绘画方面，他的态度比我的更科学，因为他会寻找理论的佐证。"

在比较温妮弗莱德和本·尼科尔森的作品时，我们也可以看到类似的差异。这两位艺术家一起度过了11年的婚姻生活。他们在一起的那段时间里，两人的艺术创作都是具象派风格。只有在他喜欢上了芭芭拉·赫普沃斯之后，他的创作才稳定在了无修饰的、抽象的风格上，这与他早年的绘画风格大相径庭。在我们比较他们的作品之前，我们应该首先比较一下他们的艺术教育背景。

本和温妮弗莱德·尼科尔森都上过艺术学校，她上的是柏亚姆·肖艺术学校，在那里完成了学位，而他去的是斯累德艺术学院，但是只读了不到一年的时间。在他们婚后的那段时间里，他们一同进行展览，所以他们的早期作品有许多相似之处。二人画的都是具象派的场景，且采用的都是朴素而孩子气的形状。然而，他们在使用色彩方面并不一致。在本的画作《桌上静物》中，主色调为棕色。该画作目前收藏于加拿大新不伦瑞克省的比弗布鲁克美术馆里。如果把这幅画与温妮弗莱德的《金银花与甜豌豆花》（如今收藏在阿伯丁美术馆），或者《绿壶中的鲜花》（描绘了一个不规则形状的花瓶，里面插着许许多多的小花，它们从花瓶中翻滚而出）相比较，你就会立刻察觉出差异来。与他相对灰暗的色调相比，在这两幅画中，她都使用了明亮的色彩，而且使用的颜色在色轮上的间隔都不超过四格。

明亮而微妙的色彩是温妮弗莱德作品的一大风格，从她的著作中我们可以得知，这并非出于偶然。尽管当时的美术培训都倾向于认为，色彩只是线条和构图的附属品，然而她的旅行，尤其是 1919 年前往印度的那次旅行，促使她决意去探索色调和光线的方方面面。到了 1937 年，当她正在写"东方人如何将色彩作为旋律使用"的时候，本·尼科尔森已经陷入了对抽象形状的长久痴迷中。事实上，他的作品以了无修饰、毫无色彩和棱角分明而闻名。

"狩猎者"的特征在他的作品中清晰可见，他大量地使用灰暗的色调和棱角分明的形状。这种特征也体现在他对球类运动的热忱上。他热爱网球、乒乓球，还有一种叫作"闭眼高尔夫"的游戏。该游戏的玩法是，首先你需要记住纸上一个假想的高尔夫球场的形状，然后，闭上眼睛，试着在球洞之间画线，但是不能触碰到障碍物。雕塑家亨利·摩尔也玩这个游戏，他形容该游戏依靠的是"视觉记忆"和"对距离和角度的判断能力"。在他看来，本·尼科尔森非常热衷于"大量"使用这些技能，并把它们运用于绘画之中。如果你仔细想想，这些都是"狩猎者"的技能。所以，或许他在绘画中所展现的，都是精心调整过的狩猎者技能。与此相反，在温妮弗莱德的绘画中所体现出来的，则是"采集者"的技能。

一提到将艺术创作技能分为"狩猎者类型"和"采集者类型"，有些人会感到局促不安。但是，倘若能够接受并欣赏不同的视觉技能，将帮助我们理解为什么在一个特定的时代里，某些艺术品会遭到美术馆的排斥。艺术的浪潮意味着艺术风格会随着时代的变迁而发生变化。罗马式风格、鲁本斯的肖像，还有新艺术派风格的巴黎地铁青铜艺术，这些艺术作品中的曲线都出自男性艺术家之手，它们应当和同时期的女性艺术作品放置在一起，方能凸显出艺术风格上的迥异。虽然它们都使用了曲线，但是这一事实本身并不能说明它们是"采集者"的艺术作品，因为通常只有作品的完形（格式塔，gestalt）才可以说是承载了"狩猎者"或是"采集者"的印记。

同样地，一个作品的格式塔会影响到展出委员会至关重要的决定。如我们在之前的章节里所见，男性对展出委员会和策展人员有重大的影响力，而"自我选择"的现象很可能会导致男性更偏爱男性而非女性的作品。我们并不是在暗示说这是一个有意识的行为，而是说，这是一种视觉选择上的团契，扎根于一个狩猎者与另一个狩猎者之间。当然了，肯定有男人不符合狩猎者的模式，也肯定有女人拒绝用采集者的目光审视世界。事实上，我们有理由假设，如果一位女性艺术家的艺术风格非常契合狩猎者模式，那么她将会大受世界各大美术馆的青睐，因为这些美术馆都是狩猎者统治的天下。

举个例子。我们不妨来看一眼纽约现代艺术博物馆的馆藏，其中 95%的藏品都出自男性艺术家之手。事先声明，我并不是质疑其展出的作品名不副实，实际上，这些藏品囊括了来自绘画、雕塑、设计和建筑领域所有赫赫有名的作品，可以说是实至名归。不过，让我们来鉴别一下它们当中真正的狩猎者。你可以权当消遣一下，而我也可以在美术方面发表我终极的异端邪说。我们不妨从高更的《阿雷奥的后代》开始说起，这幅画描绘了一名坐在蓝色垫子上的裸女，她脚下是橘色的地面。这种鲜明的颜色对比同样可见于德兰的《渔船》，他也采用了蓝色与橘色的对比。毕加索的《吉他》也是一幅典型的狩猎者艺术作品，其中琴体的曲线轮廓，被简化为深褐色的四方形状。

还有一些其他的狩猎者艺术形式，他们采用拉长的线条，这种风格可见于贾科梅蒂、雷尼·麦金托什（众所周知的高背椅，能够保障私人空间）、弗兰克·劳埃德·赖特（注意他那相当笨重的、深褐色的"边"椅[①]，靠背是由细长的矩形木料制成），还有理查德·萨帕（他设计的 Tizio 台灯有拉伸的暗色线条，是由黑色金属材质制成）的艺术作品。这只是其中的一部分。漫步于纽约现代艺术博物馆，你可以将过去 200 多年里艺术与设计史上的经典之作尽收眼底，你也可以了解到独特的狩猎者视角。

令人惊讶的是——或许也不是那么令人惊讶，鉴于在经典的艺术作品中，狩猎者的艺术风格享有显赫的地位——纽约现代艺术博物馆挑选的女性作品同样体现出对直线、延伸的形式和缺乏色彩的热爱。你只需看伊娃·黑塞设计的白色的、皱巴巴的罐子，路易丝·奈维尔森设计的细长的造型，还有瑞秋·怀特瑞德设计的白色石块，便可略知一二。建筑和设计领域也是如此。在艾琳·格雷的作品选中，这种特质清晰可见。她的作品之一是一扇屏风，由灰色和黑色的长方块组成。还有一件作品是一台标准灯，名叫"管形灯"，其中采用了一个细长的垂直镀铬灯管。安妮·阿尔伯斯是包豪斯运动的主要领导者之一，也是该运动中为数不多的女性成员之一。她设计有两个壁挂。二者全部由线性图案构成，比如长方形和正方

---

① 边椅：通常是一种直靠背、无扶手的单人椅，多与餐桌配套使用。

形，而在颜色方面，其中一个完全是灰色的。接下来，我们看到弗洛伦斯·诺尔设计了一张非常朴素的方形咖啡桌。然后是露易丝·布尔乔亚，她的《连接的巢穴》（这是一个狩猎者风格的名称）设计了大型的镀铬屏风，支撑着黑色的橡胶形状。这些形状暗喻着人的身体部位，而根据纽约现代艺术博物馆视频上的讲解，这些形状也有可能暗喻着"猎人洞穴里的宝剑"。布尔乔亚自己评论道："（这是）一个野兽巢穴的防护，也可能是猎人的陷阱，他正在里面储存他的猎物。"所以，显而易见，在纽约现代艺术博物馆里，女性的艺术作品也秉承着狩猎者风格至高无上的原则。

仅仅在非常偶然的情况下，博物馆也会展出一些更接近于采集者风格的艺术作品。这些包括波利·阿普菲尔鲍姆的圆形拼贴艺术，拼布都是宝石色的天鹅绒布；还有伊娃·蔡塞尔的小盐瓶和胡椒粉瓶，它们看起来像是一个顽皮的海豹家族。或者，你也可以看埃伦·加拉格尔的柔和的粉色方形拼接作品，看看她是如何避免了尖锐的排列方式。你还可以留意她的另一件作品（这件是未命名的），使用粉红色圆点作为一个不规则椭圆形的一部分。好好欣赏这些采集者风格的艺术作品吧，因为这座博物馆中其余的大部分作品都是狩猎者的遗产。我这么说并不是因为这两种审美方式之间有优劣之分，而仅仅是因为，人类既能创作出极致的狩猎者作品，又能创作出极致的采集者作品，倘若在我们的人生中，能够欣赏到这两种不同模式的艺术创作，那么我们的人生将会更加丰富。

纽约现代艺术博物馆可以做到这一点，然而，收藏品中有些更明显的"采集者"风格的作品却不在展览之列。比如，日本最伟大的在世艺术家草间弥生的作品就不在展品当中，尽管该博物馆收藏了她的17件作品。这当中，有些作品的体积相当小——所以很容易为它们找到空间来放置——这些作品可以追溯到20世纪50年代，都带有她标志性的波点，有些是纸板上的黑色钢笔印记，有些是淡紫色背景中的淡紫色圆点。现年 84 岁的弥生被誉为"波尔卡圆点公主"，因为她的许多作品都包含有波点图案。比如，她的早期作品《马戏》是一张照片，照片中弥生与一匹马站在一起，弥生身着饰有波点的全白色紧身套装，马也全身都被巨大的圆点所覆盖。后来，她开始创作房间大小的装置，里面有墙壁、地板，以及巨大的气球，都装饰以波点。她在纽约现代艺术博物馆的大多数藏品都是这种风格。

顺便说一句，有个匿名的女权运动，叫作"游击队女孩"，虽然从来没有用过"狩猎者"和"采集者"这样的术语，但是她们一直在抨击美术界的男权统治。在 20 多年的时间里，她们致力于对抗被男性统治的全世界美术馆。她们认为，比起美国，"欧洲的情况更糟糕"。伦敦国家美术馆的数字可以说明很多东西。在超过 2 500 幅的画作收藏中，仅有 14 幅出自女性艺术家之手。这说明，在这座国家级的美术馆里，女性只得到了 0.5% 的展示机会。这些数据言之凿凿地说明，伦敦是狩猎者视觉的天下。在美国，情况或许会稍微好一些，但是狩猎者视觉依然主宰着艺术界。在当代，女性更多地参与到了艺术创作中，所以，我们或许会认为在现代艺术博物馆里，性别的比例会更加平衡。然而，即便是在这些地方，占统治地位的也是狩猎者视觉。在纽约现代艺术博物馆永久收藏的绘画和雕塑中，2006 年仅仅展出了 19 件女性艺术品（低于 5%）；在公众意识到这种不均衡之后，馆务们就更换了展览品，但是这次情况更糟糕了——在次年的 400 件展览品中，仅有 14 件出自女性艺术家之手（3.5%）。在附近的古根海姆博物馆，2000—2006 年，仅仅有 14% 的个展是为女性艺术家举办的。

对于那些喜欢阴阳平衡的人来说，当你走出这些美术馆的时候，你可能会因为吸收了太多的阳而感到相当痛苦。经过了一整天观看直边的形状、灰暗的色调和拉伸的结构，你（至少对女性而言）可能会需要一些悦目的色彩、弧线的形状、小巧的结构，以及另一种感知世界的方式，来让自己重新振奋起来。

画廊策展人注意！芝加哥麦克科米克自由论坛博物馆的教育项目经理，内森·里奇，研究了艺术博物馆里参观者的性别模式，他发现在工作人员和参观者之间存在某种联系。他发现，当艺术博物馆的男性策展人员开始布置摩托车和汽车展时，男性参观者的人数就会显著上升。那么，在博物馆和美术馆里，究竟有多大比例的策展人员是男性呢？马乔·施瓦泽在加州伯克利地区的约翰肯尼迪大学教书，他是博物馆学的教授和主席。据他所述，2007 年的情况是，男性在董事会、主要捐助者名单和薪级上都占有绝对优势；在全国最大和资金最充裕的机构里，男性占据了 53% 的执行主管职位，以及 75% 的 CEO 职位。

虽然美术馆的管理者多是男性，参观者却大多是女性。艾琳·胡珀－格林希尔在 2013 年出版了一本有关博物馆及其参观者的书，她写道，美术馆的参观者中女性要多于男性。个人调查统计显示，女性参观者的数量确实略微多于男性。其中，澳大利亚统计局于 2005—2006 年进行了一项调查，该调查发现，女性中有 25% 会去美术馆，相比之下，男性中该比例只有 20%。英国 2000 年公布了一项有关博物馆和品牌战略的莫里（MORI）报告，该报告显示，美术馆的参观者中女性的比例更大（55% vs. 44%）。

由于在各种规模的博物馆中，女性都占参观者的大多数，这就是文化对作为人类二分之一的女性的吸引力。所以，如果给她们提供更为均衡的作品比例，就可以起到增加吸引力的作用。此外，相比于男性，女性会花更多的钱在语音导览、美术馆商店和咖啡屋里（施瓦泽，2007 年），所以，尝试吸引更多的女性是商业上的明智之举。因此，我们希望美术收藏品的性别比例更加均衡，希望狩猎者／采集者的作品数量更相近，这不仅仅是因为种种道德上的因素，而且也有重要的商业原因。

现在，让我们结束在艺术世界的这段短暂历程，去看一看这些差异对人际关系的影响吧。

第十章
两性关系的世界

试图向听不进道理的人论理，不过是徒劳。

——乔纳森·斯威夫特（英国作家）

关注小细节

有一位曾在我家暂住的男性朋友，他似乎就是理性的化身。在我母亲生病的时候，我每天要去医院探望她两次。这时候，这位朋友会带着我儿子四处乱跑，从踢足球到跟朋友玩耍，再到观看当地演出，他的主意是无穷无尽的。唯有一件事除外。在我的小浴室里，我放着两条毛巾。我喜欢把它们折叠起来，与周围环境融为一体，这样既不太惹眼，又显得很整齐。然而每次他用完浴室后，毛巾都会被皱巴巴地乱扔在一边。我每次把它们展平，他会再次弄乱，就这样陷入不断循环中。我不确定他是否也同样注意到了这件事，所以最终我跟他坦白了，但是他不能理解我为何如此大惊小怪。

　　这样的误会贯穿于漫长的历史岁月和形形色色的文化背景之中。这并非出于懒惰，或是不情愿给家里帮忙，只是因为我们看待世界的方式不同。现在，读者大概已经明白了，导致这个司空见惯的冲突的根源是，比起男性，女性更倾向于发现细节，而且更喜欢把东西放置于周围的环境中鉴赏。女性具有更高的场依存性，所以如果彩色靠垫没有按照正确的次序排列，她们就会感到不舒服。而男性具有更高的场独立性，他们能够摆脱周遭环境的影响鉴赏物品，所以不会意识到什么东西的次序放错了。因此，男人可不会真的留意皱起来的毛巾，更别说靠垫了。

　　这样的故事简直太多了。有一天喝咖啡的时候，我一位女同事跟我大吐苦水。"我每次回家的时候，家里就好像刚刚被人洗劫了一样，快把我气疯了。到处都是靠垫，7 岁的儿子随意把外套扔在地板上。相比之下，我 8 岁的女儿就很少这样干。问题是，我必须要让家里恢复秩序，不然我就什么都干不了。这对我来说是头等大事。我丈夫在工作的时候是井井有条的——他是眼镜商——但是在家里可远没有那么整洁。"

　　我的丹麦朋友安娜也遇到了类似的问题，她有一段破裂的婚姻。"我和他在一起将近二十年的时间，如果他没有离开我，我是不会离开他的。"我们下一次见面的时候，她跟我说分手还是有好处的。"我的房子本来相当整洁，然而只要大卫一回家，他就会在身后留下一串衣服的痕迹。所以，要想追寻他的足迹，只要跟着套头毛衣、衬衫和袜子就可以了。"她吐露，这扰乱了她的视觉审美，让她感到大为恼火。然而大卫却丝毫不觉得周围的布置有什么不妥。

　　在给本书做最后润色的时候，我与朋友以及他们的三个孩子一起度假。在我们清理餐桌的时候（那位丈夫正在当地的商店买一种特殊的甜点），他妻子回忆起他们最初在一起的时光。"认识大卫之后不久，"萨姆说，"我决定清理他单身公寓的厨房。等到他回家的时候，他就站在厨房门口，喋喋不休地说，厨房看起来比以前大了一倍。但是他对发生了什么事情完全摸不着头脑。他没有意识到我把那些乱七八糟的杂物都清理掉了。这是因为，他从来就没有意识到那些杂物的存在。有一张报纸盖在一个脏盘子上，我看了一眼报纸上的日期，它已经在那儿放了至少一个礼拜了，但是或许对他来说，它已经消失在背景中了。"

享用完甜点之后，我们又聊到了这个话题。"我还记得我们刚搬进来的时候，心想亮黄色的墙壁简直是糟透了。我把它们粉刷成了一种素净的颜色，这样住在里面就舒心多了。最近，我跟大卫说起墙壁以前的样子，他似乎已经完完全全不记得了。所以很明显，这一点儿都没影响到他。"

我们当时住在一所租来的度假小屋里。她把孩子们哄上床以后，接着之前的话题继续说："我想要所有的东西都相互搭配，所以我在布置餐桌的时候，会留意让一切都看起来很和谐。大卫有时候会说看起来多棒啊，但他通常不知道为什么看上去那么舒心。"在大卫买完东西回来的时候，我们就会换个话题。不过，最终我还是听到了足够多的故事，让我意识到萨姆和大卫看待视觉问题的方式是不同的。他们采取了某种权宜之计，萨姆负责做绝大多数重要的决定。

家庭内外的决定

尽管家庭具有私密性，关于它大量的信息却广为人所知。在英国，国家房地产代理协会在 1996 年进行了一项研究，发现男性对于家庭的置业有决定权的仅占9%。调查显示，超过四分之三的中介商一致认为，在购房行为中女性是主要的决策者。

至于房屋内部的装修，2001年，英国亨利中心曾受委托在莱恩住宅区进行调查研究。他们的报告指出，英国的人均住房面积正在不断地增加，从而逐渐形成了明确定义的"他的和她的"房间。"他的"房间通常是一间书房，或是浴室，里面装有电视屏幕和最新的科技装置。而"她的"房间则是一间超级新的厨房。那么公共区域呢？根据这份报告显示，女性不希望在公共区域里长期陈列科技品，而且"不准许"男性把自己的电脑放在主客厅里！女性对家里的一切享有全面控制的权利，对此我们不该感到太过惊讶。1996年的一项研究显示，在共同决策中缺乏共识是常态。而两年后的研究显示，这种冲突通常都由女性伴侣所管理，"为了确保结果秤她心意"。

最近，我为一项房屋翻新工程咨询了一些室内设计师。我还问了个问题，在选择什么样的装修方面，他们是否遇到过男人和女人意见相左的情况。我问的两位女性设计师都提到，男性一般来说会向女性妥协，因为他们意识到，女性要比他们更在乎室内装修。从她们的经验来看，男人愿意追随女人的领导，这一点实在值得宽慰，否则，从选择厨房、器具、地板、窗帘，到选择家具、饰品和墙壁颜色，男性和女性都极有可能会"缺乏共识"，产生严重分歧！

通常情况下，分歧可以被掩盖起来。一位才华横溢的室内设计师，米歇尔·切斯尼，告诉我说她正在同伴侣一起规划公寓的装修，她隐约感到在有些问题上分歧正在逼近。在卧室里，他想要保留方形的黑色床头板，他还看上了一个方方正正的新沙发，甚至连支脚都是四方的。最终，她设法达成了妥协，他们商定采用一个圆形的床头板，是灰暗的燕麦色，上面饰以扣状装饰。至于沙发怎么办，他们还在继续商讨中。

有时候这些分歧会突然爆发。我的好朋友们正在为厨房挑选一个新的冷热水龙头。刚开始，尼娜说她把选择权完全交给大卫。然而，当他从商店带回来一个极简的、有技术感的金属水龙头，由光滑的垂直控制杆操作，她才意识到，她终归还是在意水龙头的外观。她想要一个白色的、形状更为圆润的水龙头。接踵而来的是一场严重的家庭僵局。这对恋人平常很少吵架，如今却被这些水龙头所能激起的强烈情绪吓坏了。

步入花园

分歧有可能会殃及花园。最近，我前花园的草皮坏得不能修了，于是我买了新的草皮来铺。此时，正当一年之中相当忙碌的时候，我抽不出时间来监督这个活计。但是有一天，我回家的时候，发现草皮已经铺好了。我突然意识到有什么东西不太对劲，我思忖了半晌，终于明白了是什么让我觉得不舒服，那就是新草坪形成的尖锐的线条。我温和地问园丁，能否请他加上一些草皮，让线条显得更弯曲、更柔和。最终，草坪和花圃之间形成了弯弯曲曲的边界，我的不满也就消失了。

在接下来的那个夏天，我的近邻——路易莎·德·乔吉医生，带着我参观了她引以为傲的花园，她在这里感到非常快乐。"当我刚住进这所房子的时候，花园是一片荒芜，既没有草坪又没有花圃。我花了好几年才把它变成我想要的样子。"她对待花园就像对待病人一样痴迷，在她带着我四处溜达的时候，我注意到在草坪中央有个圆形的花圃，花圃四周饰以曲线的边界。"我喜欢这些形状，我很讨厌直边。"她评论道。大约在同一时间，我请了一位来自捷克共和国的杰出园艺家——利博·扎普雷托尔，来为我的前花园布景。他所做的事情之一是把原来相当脏乱的草地，换成了更干净的新草。在这样做的时候，他给新草坪弄了一个直边。所以，当你穿过花园大门，迎面所见的是三丛常青树，矗立在一条笔直的草坪边缘后面。在此之前，我一直非常努力地修剪草坪，让那些常青树前面的草坪边缘呈现出弯曲的形状。但是利博高效的工作最终给这片区域留下了一条精妙的直线。这个形状让我感到微微有些不舒服（而且我也不愿意跟他讨论两性审美的话题），所以我自己又买了一些草皮，把以前的曲线复原了！

路易莎花园的另一个特征是，花卉的种类繁多，都是从种子或者插枝悉心栽培而成的。有一天，我采访了伦敦最古老的花园之一——切尔西草药园的首席园艺师。我问他男性园艺师和女性园艺师侍弄花草的方式是否不同。他的回答很明确："女性很喜欢用各种各样的植物搞一个饰边，而男性则喜欢用一堆单一的植物，让它们枝节横生，形成园景。"看起来，路易莎的园艺是典型的女性园艺风格。

著名的花园

在许多以植物为基础的设计中，这些差异都清晰可见。格特鲁德·杰基尔（1843—1932）在一生之中设计了超过400个庭园，遍及英国、欧洲大陆和美国。她彻底变革了花园设计。当时盛行在花坛中大量使用重复的花卉（花卉移栽），她则强调"飘带型"栽培，在每个小块的区域里种植同一品种、同一颜色的花卉。杰基尔还因使用"花房"而闻名于世：花园布局包括水塘、水中园景、藤架和凉亭，它们被篱笆、藤架和墙壁分隔成若干封闭的空间。这种隔离感赋予了每个"花房"不同的个性和风格，它和那些丛生的花卉飘带一起，把广阔的空间分隔开来，十分符合女性惯用的风格。

相比之下，考虑下 2003 年在切尔西花卉展上斩获一等奖的那座花园，它是由汤姆·斯图尔特－史密斯设计的。地面是灰色的石板，土壤中种的是青葱草木，没有任何鲜花。这个花卉展的主办方是赫赫有名的皇家园艺学会，它在英国园艺界的地位，就如同温布尔顿网球公开赛在网球界的地位。蒂姆·理查德森最近在为该学会自办的杂志《花园》写文章，他抱怨，说切尔西花卉展的绝大多数评委是男性。他描述他们是"一群戴着巴拿马草帽的中年男人"。他的文章大意是，切尔西花卉展的评判标准相当狭隘，这会让现代专业设计师感到失望。但是他没有提到的一个关键点是：全男性评委们会根据他们自己的喜好来评判花园设计。

举个例子，我们来看看切尔西 2012 年展览的那些花园。路易莎有一张多余的票，所以我就跟她一起去了，并且在展览会上草草地记下了展出的主要花园以及它们荣获的奖项：

地之尽头：田园冥想；设计者——亚当·弗罗斯特。长方形池塘（金奖）。

布鲁因海豚花园；设计者——克里夫·韦斯特。有修剪得很高的灌木，一个宏伟的大门，后面还有一口井，井口大开（金奖以及最佳展出花园奖）。

青少年癌症信托总部花园；设计者——乔·斯威夫特（男）[1]。四个雪松木的框架（金奖）。

英国关节炎研究协会花园；设计者——托马斯·霍布林。长方形的池塘，长方形的垫脚石（银镀金奖）。

M&G 花园；设计者——安迪·斯特金。在方案中，墙壁被描述为"用整块巨石砌成的墙壁"（金奖）。

罗兰百悦二百周年纪念花园；设计者——阿恩·梅纳德。一条悠长的小径两边种着紫叶欧洲山毛榉（金奖）。

加拿大皇家银行碧水花园；设计者——奈吉尔·邓尼特。非常笔直的小径——长方形，两侧的附近都有小径。绿松石色的水 + 大量橘色花朵和淡紫色色调（银镀金奖）。

《电讯报》花园；设计者——莎拉·普莱斯。野花。一个大的方形池塘，不过有些蜿蜒的小径。没有按正规式样布置（金奖）。

比起其他人的设计，莎拉·普莱斯的花园就好像来自另一个星球。如果你想要与女性范式做进一步的对比，不妨想一想爱德华·弗朗索瓦设计的"花塔"，这是一栋位于巴黎 17 区的十层混凝土公寓楼。爱德华自 1986 年起一直是一位建筑师和城市规划师，他亲自起了"花塔"这个名字。不过，这个名字似乎有些用词不当，因为每层放的不是鲜花，而是 380 个巨大的混凝土花盆，里面种着高耸挺拔的竹子。他说，他正在尝试他称之

---

[1] 在英文中，乔这个名字既可作男名，又可作女名。这里作者是为了消除歧视。

为"植物技术"的方法，就是尝试使用植物来让建筑物刚硬的线条变得柔和一些。不过，这些修长纤细的植物能否达到这种效果，就值得商榷了。"如果采用更小、色彩更鲜艳的植物，效果是否会更好呢？这些高耸的花卉是为了强调垂直性吗？"我的朋友萝丝一边仰起头去看这座十层高塔的顶部，一边问道。我们不禁想起了阿尔卑斯山上的牧人小屋，它们都装饰着鲜艳动人的花朵，这难免让我们有些怀旧之情。我们站在凯·布朗利博物馆前面，注视着帕特里克·布兰克在博物馆外部添加的绿色植物时，也有过类似的感伤情绪。这座博物馆就坐落在塞纳河对岸不远的地方。顺便提一句，这种"植物技术"的趋势已经横跨了英吉利海峡。在伦敦牧羊人灌木地区的"韦斯特菲尔德"，有一段绵延的墙壁，也覆盖在一大堆绿色植物之下。

我很清楚，人们围绕性别差异一直有着极其激烈的争议，所以我非常想要听听园艺专家们的看法。他们是否认为，男性和女性设计的花园大不相同？

园艺专家的坦言

说来奇怪，不久之后我就找到了问这个问题的机会。当时，我听了一场凯瑟琳·霍伍德博士的演讲。她是园艺师和园艺历史学家，《园艺女人：她们从 1600 年至今的故事》一书的作者。在演讲后的问题时间，我问了她这个问题。"女性看待花园就如同绘画一般，"她说，"她们不太注重种植技术的细枝末节，更关注她们想要达到的整体效果。这并不是说男性园艺师对此不太在行，只是他们对待园艺用的是一种截然不同的方法。"

几个月之后，我又找到了一次提问的机会。那时，在我居住的地区，也就是汉普斯特德花园郊区，有些花园开始对外开放。这是个好机会，可以去参观当地园艺学会前主席马乔里·哈里斯的花园。虽然她管理过的地方不大，但在职 7 年，她应当有充足的机会去体会分别由男性和女性设计的花园。当被问及这个问题时，她的回答毫不含糊。"女性的园艺更像是村舍园艺——包括颜色在内的一切都被融合在了一起。倒也不乏形式感，因为轮廓分明的线条（草地的边缘）给人一种整齐的感受。花床则具有更为柔和的线条，以及一种有秩序的混乱，就好像是飘逸的裙摆。"她停顿了片刻。"其实，"她说，"你一眼就可以分辨出哪个是男性设计的花园，哪个是女性设计的花园。"

"怎么分辨？"我免不了问了这么一句。她立刻回答道："男性设计的花园可能有更多的间隙，和更多重复出现的东西，鲜花也不会融合在一起。此外，男性可能会使用直线，而不是曲线，他们经常采用方形布局，不像女性喜欢采用更为柔韧的布局。所以，他们的花园更具备科学的精确性。他们大量地使用单一植物，这使得他们的花园看起来更工整。而且，他们倾向于用一种更加数学的方法去审视花园整体。"

无须进一步的启发，思维的列车就让她说起了一年一度的花园大赛："有一年，"她说，"所有的评委都是男性。获奖作品很工整，横平竖直的，轮廓很分明，但是女人们都很讨厌它。仔细想想，男性评委通常最喜欢男性设计的花园。"

你可以想象，在人们为了"怎样设计花园最好"这个问题打起地盘争夺战的时候，这种偏袒的态度会给后方带来怎样的麻烦。走运的是，如果我们可以相信农达除草剂在 2011 年对 2 000 人做的调查，那么男性更倾向于干体力活，比如挖掘和倒垃圾，女性则喜欢挑选植物和布置花圃。这样的分工可以把发生分歧的可能性降到最低。

回到室内

然而，出现意见分歧的可能性还不仅限于此。据一位男性室内设计师称，女性都想要营造一种"家的氛围"，而男性都想要解决问题——他举例说，他的一位男性客户就不想要厨房，因为他不做饭。还有一位男性客户买了个仓库，明确地规定他想要一个区域用来做饭，一个区域用来制作音乐，还有一个区域用来吃饭。所以男性对房间的定义取决于它的用途，女性对房间的定义则取决于它的外观。

一个春天的早晨，我干了一件我几乎从来不干的事情：参加了一个早餐会。这并非是浪费时间，因为我在那里遇到了室内设计师莫温娜·布雷特。我们两个女人都不擅长在清晨的那个时候招揽生意，所以就很高兴地一起坐在松软的沙发里，共进咖啡。我们很快就说起了男性和女性对待设计的不同态度，尤其是室内设计。

莫温娜告诉我，她刚刚接受了一个室内设计杂志社的委托，在她自己的卧室里重现一些精致的 18 世纪床幔，做专栏之用。褶饰的帘幔是用考究的法国朱伊印花布面料制成的，上面印着鲜花和牧羊女，悬挂在床的四周，与精致而古老的黄铜饰件交相辉映。在摄影师走了以后，她自豪地向她的男朋友展示了这间卧室。然而他唯一的反应是相当的困惑："但它是用来干什么的？"

　　假如这只是一个孤立的事件就好了！不走运的是，莫温娜接下来告诉我，她的朋友萝丝给自己婚床的床垫装饰了带褶饰的短帷幔，用来遮掩住床的一部分，然而帷幔不断地移动位置，所以每隔几周，萝丝和她丈夫都必须要两个人一起，费劲地把床垫抬起来，把帷幔拖回到正确的位置上。萝丝感到相当绝望，想方设法地让它保持不动，但是菲尔的第一反应是："我们干吗不把它扔了呢？"

　　如果男性把物品从环境中抽离出来的能力比女性强，如果他们比起弧线更喜欢直线，如果女性的广角视野和对颜色的鉴别力优于男性，那么就难怪，想要把家里装修到让两人都满意是个雷区。也难怪，一对情侣的初次争执都是因为一些微不足道的小事，譬如挑选烤面包机。鉴于许多女人可以为了美观而宁可忍受轻微的不便——而男人最主要的目的是物尽其用——那么，放在客厅中间的新健身自行车会成为家庭摩擦的主要导火索，也就不足为奇了。

消除差异

当狩猎者和采集者的视觉发生碰撞时，很可能会发生大爆发。这是两种感观方式之间的交锋，是两套价值观之间的对峙，一种属于"狩猎者"，而另一种属于"采集者"。当然，有一小部分男性和女性并不符合我们所描述的这些差异，不过——正如种种证据所显示的那样——这些差异对大部分人都适用。那么人们要怎么确保这些意见分歧都可以得到解决，可以转化成二者都可以接受的决定呢？

我向三位室内设计师提出了这个问题，他们一致认为，通常男性乐于听从女性的决定。这或许看起来不可思议，但他们都提到的关键点是，相比于男性，女性对审美的选择更劳神费心，所以，男人们很乐于让女人们称心如意；另一点原因是，许多男人都认为女性在审美选择上比他们技高一筹，所以他们很乐意遵从女性的决定。我们只能寄希望于这些设计师们能够做出正确的选择，不然，争吵的声音将会回荡在全世界的客厅里。

当差异不太容易被化解的时候，我们只能寄望于有关狩猎者和采集者视觉特征的知识，希望这些知识能够帮助缓解争端和寻找解决之道。她不想要一个带有长方形支脚的正方形沙发，那么我们能否折中一下，也许，买一个形状更圆润些、完全不带支脚的沙发？他不想在装饰性的帷幔掉下去的时候，把它重新固定到床垫上，那么她能不能负责这件事呢？不管怎么说，这本书为你提供了一套谈论这些差异的术语——三色视觉 vs. 四色视觉；场独立性 vs. 场依存性；非细节聚焦 vs. 细节聚焦；功能至上 vs. 审美至上——所以，认识到了这些分歧就会有助于化解紧张局势。

所以，读者们，如今你们认识了一门有关感知的新学科，尝试着用这门科学的语言，去化解紧张局势和消除分歧吧。或许，你们可以把谈话带到一个不同的方向去！

章节注释

第一章

GAP——威廉王子和凯特·米德尔顿在加拿大画画——Youtube 观看视频：http://www.youtube.com/watch?v=cRJDtVRC8kE（于 2013 年 8 月 28 日访问该网站）

皮帕·米德尔顿在马德里——照片：http://i.dailymail.co.uk/i/pix/2011/05/14/article-1387173-0C0FE40200000578-895_634x574.jpg（于 2013 年 10 月 20 日访问该网站）或 http://www.dailymail.co.uk/femail/article-1387173/Pippa- Middleton-hits-Madrid-old-flame-George-Percy-girls.html（于 2013 年 10 月 20 日访问该网站）

凯思·基德斯特官方网站：http://www.cathkidston.com/?gclid=CJTkicicrbkCFbLMtAodIngAYg（于 2013 年 10 月 20 日访问该网站）

"继身高差异之后，视觉空间的差异被认为是最为显著的性别差异。"——更多论据请见参考文献中的海因斯，M（2004）

第二章

女书的图像参见：http://www.omniglot.com/writing/nushu.htm（于 2013 年 8 月 29 日访问该网站）

关于学生商务名片的实验：参见参考文献中的莫斯和科尔曼（2001）

关于网站设计软件的实验；霍瓦特，G. 和莫斯，G(2007), CITSA（网络控制与信息技术，系统与应用），佛罗里达，7 月 13—15 日。

日本研究：参见参考文献中的饭岛等人（2001）。

孩子给炊具上色的对比研究：参见莫斯（1996b），"性别与消费者行为：深入研究"，《品牌管理期刊》7:2，88-100。

对设计从业人员的访问：参见莫斯，G（1999），"性别与消费者行为：深入研究"，《品牌管理期刊》7:2，88-100。

比教男孩和女孩绘画的博士论文：参见参考文献中的马耶夫斯基（1978）。

阿尔弗雷德·托内雷的引言，参见参考文献中的哈默，E（1980）第八页，该处亦有引用。

关于莫斯进行的比较男性和女性设计作品的实验：更为详尽的实验概要请参见参考文献中莫斯本人所写《性别、设计与市场营销》（2009）一书。

第三章

约翰·拉斯特教授——他于 2013 年 8 月与本书作者通电子邮件的时候表述了他的观点。得到他本人允许后，他的观点被引用于此。

关于男性和女性设计的网页的对比实验：参见参考文献中的莫斯，耿和海勒（2006）。

关于男性和女性对由男性和女性所设计的网页的喜爱偏好的对比实验：参见参考文献中的莫斯，耿和海勒（2009）。

关于在艺术与设计考试中，会出现无意识的评估者偏见的文章：参见参考文献中的莫斯（1996a）。

第四章

关于女性中四色觉者的比例估计在 3%~50% 的区间内：预估该比例为 3% 的是奈茨等人（1998）的文章，而预估该比例为 50% 的是詹姆森等人（2001）的文章。两篇文章见参考文献。

皮斯，A 和皮斯，B（2004），《为什么男人不听，女人不看地图》，伦敦：猎户星出版公司。

对性别图式的引用出现在莫斯和科尔曼（2001）一书中。见参考文献。

"看起来，人类和某些动物，在出生前后所接触到的性类固醇（主要是睾酮和雌二醇），与他们的个性和空间能力密切相关。"莫斯等人（2007）一书中对这个结论做出更深入的探讨，并展示了更多证据，证明进化因素影响了本章所谈到的男性和女性在视觉创作及偏好方面的差异。更多细节见莫斯，G（2009），《性别、设计与市场营销》，第八章。参考文献中亦有引用。

维尔马教授的研究：参见参考文献中的英格尔哈利卡等人。

认为维尔马的研究中发现的性别差异是"固有的"这一评论，见参考文献中的冯－拉多维茨（2003）。

关于威特尔森教授的评论，见 http://infoproc.blogspot.com/2005/07/male-female-and-einsteins-brains.html（于 2013 年 10 月 20 日访问该网站）

关于黑斯特教授的评论，见 http://people.bath.ac.uk/hssheh/resint.htm（于 2013 年 10 月 20 日访问该网站）

第五章

零售业内董事会中的少数女性——参见《赫芬顿邮报》，2013 年 3 月 8 日：http://www.huffingtonpost.co.uk/2013/03/07/internationalwomens-day-top-retailers-have-women-free-boards_n_2828992.html?utm_hp_ref=uk（于 2013 年 8 月 25 日访问该网站）

奥格威——http://www.brandingstrategyinsider.com/2010/11/david-ogilvys-best-business-advice.html#.UiEL6tKTj3U（于 2013 年 8 月 29 日访问该网站）

希尔弗斯坦——关于女人作为主要购买者的引言出自他与 N. 费斯克合著的《高价消费》一书（见参考文献）。关于女人控制了价值 5 000 万美元的递增式支出的言论则出自他与凯特·塞尔合著的《女性想要得更多：如何在世界上最大、增速最快的市场中抓住你的份额》（2009）。

汤姆·彼得斯——在他的书中有几个章节都提到了女性巨大的消费力。见参考文献中的《重新想象！动荡时期的商业成功》。

G. 莫斯自己对消费者模式的研究——详情请见参考文献她所著《性别、设计和市场研究》（2009）一书。她发表的第一篇有关男性和女性购买模式的文章见参考文献中的莫斯，G（1999）。

安迪·帕尔默博士——曾于 2013 年 6 月 14 日被《每日邮报》所引用（见参考文献），同时也于同一天被《泰晤士日报》引用——《泰晤士日报》文章链接如下：http://www.theaustralian.com.au/news/world/the-car-industry-should-start-designing-cars-for-women/story-fnb64oi6-1226663712971（于 2013 年 8 月 29 日访问该网站）

文森特·杜普锐——标致雪铁龙杂志，2008 年。

大卫·比兹利——引用于《泰晤士日报》，《澳大利亚报》转载：http://www.theaustralian.com.au/news/world/the-car-industry-should-start-designing-cars-for-women/story-fnb64oi6-1226663712971（于 2013 年 8 月 29 日访问该网站）

大卫·亚曼——引用于《艾伦》，2004 年。

安妮·阿森西奥——参见参考文献中的威尔宁克（2007）。

瓦拉瑞·妮可拉——引用于莫斯，G（2009）的《性别、设计和市场营销》（见参考文献）。

朱莉安娜·布拉西——她在以下视频里表达了她的观点：http://e89.zpost.com/forums/showthread.php?t=516647

Littlewoods——参见 http://news.bbc.co.uk/1/hi/uk/4570663.stm（于 2013 年 8 月 28 日访问该网站）

詹姆斯·亚当斯——参见参考文献中的格拉德维尔（1997）。

夏普和史卡格里安——参见参考文献中的王（2004）。

女人主宰着地砖购买大权 —— 参见参考文献中的华纳（2005）。

"在购买高科技产品上，女人影响着 75% 的决定，包括 DVD 播放机、平面电视机，以及复杂的立体环绕声系统。"——参见参考文献中的华纳（2005）。

关于将克莱斯特 PT 漫步者形容为"匪气的车"：参见参考文献中的卡托（2003）。

B&Q 公司——参见参考文献中的菲利普斯（2008）。

家得宝公司——参见参考文献中的霍兰德(2008)。

第六章

帕尔（2000）——详见参考文献。

男人和女人对绿色能源表现出同等程度的兴趣——详见参考文献中的罗兰兹等人（2002）。

英国就业率——参见参考文献中的安黛欧波罗斯和道森（2009）。

"广告从业人员机构针对媒体购买、广告和市场沟通行业展开一项调查，发现约有一半为女性员工，但在管理总经理和首席执行官级别只有 15.1% 为女性。"——详见参考文献中的布鲁克（2006）。

"广告从业人员机构的调研发现，尽管女性客户经理的比例从 1986 年的 27% 上升到 1999 年的 54%（职位为广告策划和调研的女性也包括在内），艺术主管中只有 14% 为女性，文案中只有 17% 为女性。"——见参考文献《营销周刊》。

"83% 的创意人员为男性，男女比例大致并未产生变化。有人说这个数据比 30 年前还要糟糕。"——参见参考文献中的卡德瓦拉德尔（2005）。

"……创意职位中女性代表的'席位'称为'沟通性别分水岭上一间停业的商店'"（道尔德，J,2000）。

"在性别问题上，广告产业的创意职能部门'似乎并不总是坚持创新'"（道尔德，2000）。根据 WCRS 广告代理商的首席执行官黛比·克雷恩撰写的一份关于广告行业女性现状报告，造成这种现象的其中一个因素是"男性化氛围的刻板印象仍根深蒂固"（道尔德，2000）。

《广告时代》于 2002 年做过一项调查，发现在美国的广告从业人员中，平均有 35% 的创意人员是女性。——参见参考文献中的巴莱塔（2006）。

媒体代理商 PHD 公司的董事长苔丝·阿尔普斯说："男人就是不喜欢女人写的、女人钟爱的广告。"——参见参考文献中的卡德瓦拉德尔（2005）。

格林菲尔德在线受阿诺德女性研究小组委托进行一项调查，研究女性对于广告的态度。——详见参考文献中的《广告周刊》5 月 27 日。

关于 2008 年 6 月一则提及"薄麦"广告将于下个月出现在一本名为《真·简》的杂志上，是在以下链接中安吉拉·那提瓦达的评论中发现的：http://www.adrants.com/2008/06/shredded-wheat-with-straw-berries-the.php（于 2013 年 12 月 3 日访问该网站）

汤姆·乔丹所写的段落——参见参考文献。

环球电视台发起的活动——参见参考文献《广告期刊》，2013 年 6 月 12 日：http://www.marketingmagazine.com.my/index.php/categories/breaking-news/9340-women-more-complex-than-advertisers-think（于 2014 年 1 月 10 日访问该网站）

安·韩德利关于了解客户重要性的演讲——参见"创业家"网站：http://www.entrepreneur.com/article/227100（于 2013 年 8 月 29 日访问该网站）

*韩德利被称作"线上营销最有影响力的人之一"*参见以下链接：

http://www.toprankblog.com/2011/05/interview-ann-handley/ 以 及 http://contentmarketinginstitute.com/2011/06/content-rules/（于 2013 年 8 月 29 日访问这两个网站）

　　凯西·戈尔尼克关于企业惰性的话——参见参考文献帕尔默，J（2003）。关于变革组织、公司的困难在此书中有深入探讨：莫斯，G（2007）和莫斯，G（2009），《性别、设计和市场营销》。

第七章

　　克拉拉·葛丽德——引用于 Groskop, V(2008)。见参考文献。

　　"交通系统艺术"项目——关于此项目中对主管桑德拉·布拉德沃夫的采访，参见以下链接：http://urbanomnibus.net/2011/11/arts-for-transit-a-conversation-with-sandra-bloodworth/（于 2013 年 10 月 20 日访问该网站）

　　玛利亚别墅被列为"20 世纪最为精美的房子之一"——参见参考文献中的韦斯顿，R（2002）。

　　阿富汗妇女所制作的地毯的图片，参见：http://www.oneworldprojects.com/products/afghan-rugs.shtml（于 2013 年 8 月 28 日访问该网站）

　　关于丹麦设计师露易丝·坎贝儿以及秘书处主管的评论，参见：http://archives.dawn.com/weekly/review/archive/060622/review10.htm（于 2013 年 8 月 29 日访问该网站）

　　迈尔森关于办公室环境对工作效率影响的评论刊登于《办公室设计》（Workplace Design）（2008），详见参考文献。

第八章

据估计，年增长率保持在 20%（冯·伊瓦尔登等人，2004）与 50%~60%（《经济学人》2008）之间。截至 2010 年 6 月，全球互联网使用者人数达到 19 亿：信息来源于 http://www.allaboutmarketresearch.com/internet.htm（于 2013 年 8 月 29 日访问该网站）

"该研究和随后的研究"：参见莫斯，耿和海勒（2006a）；莫斯，G 等人（2006b）；莫斯等人（2008）；莫斯和耿（2009）。

"预计十分之一的广告预算，就可以带来 10 倍的销量"——参见参考文献中的波特（1994）。

"汉斯·冯·伊瓦尔登和他的同事们通过研究荷兰和美国的不同网站，鉴别出能够导致用户失望的十大因素，其中之一就是图像。"——参见参考文献中的冯·伊瓦尔登等人（2004）。

"相似吸引"——详见参考文献中的布莱恩和纽曼（1992）。

"在欧洲大陆，女性对互联网的使用则较之男性略少一些，大约为 38%。"——参见参考文献《木星通讯》（2004）。

"我和同事们所做的一项研究显示，尽管在许多行业中，女性顾客的比例已经超过了 50%。"——来源于莫斯等人，2006b 和莫斯等人，2008。

2012 年社交网络使用者的性别特征——参见 http://royal.pingdom.com/2012/08/21/report-social-network-demographics-in-2012/（于 2013 年 8 月 28 日访问该网站）

"谁是网站设计者？"——更详尽的信息可参考莫斯（2009），《性别、设计和市场营销》。关于 20 世纪 90 年代美国和英国电脑专家男女性别比例的数据，参见参考文献中的巴劳迪和伊格巴利亚 1994/5。

"在信息技术行业，偏态分布的男女比例导致了'男性计算机文化'的盛行，行业中充斥着'男性话语'和技术问题至上的原则。"——参见参考文献中的罗伯特森等，2001。

第九章

让·克罗地——引用于《独立报》，1995 年 1 月 20 日，第 21 页。基斯，D（1995），"一间重开于 18 000 年后的画廊"，《独立报》，2014 年 1 月 20 日，于 2014 年 1 月 20 日访问该网站：

http://www.independent.co.uk/life-style/a-gallery-opens—after-18000-years-1568873.html

大都市博物馆和古根海姆博物馆中男人/女人人物画像——来源于杰里·萨尔茨（2006）。"女孩不在场"（Where the Girls Aren't）。于 2010 年 11 月 14 日从以下网址检索：http://www.villagevoice.com/2006-09-19/art/where-the-girls-aren-t/

第十章

农达除草剂公司所进行的调查——见 http://www.dailymail.co.uk/news/article-1377513/Women-better-gardening-reveals-survey.html#ixzz1yBYJmBea（于 2013 年 10 月 20 日访问该网站）

参考文献

广告杂志（2013），"女人实际上比广告商所认为的更加复杂"，6 月 12 日，

http：//www.adoimagazine.com/index.php/news/1-breakingnews/9340-women-more-complex-than-advertisers-think

于 8 月 28 日访问

http：//www.marketingmagazine.com.my/index.php/categories/breaking-news/9340-women-more-complex-thanadvertisers-think

于 2014 年 1 月 10 日访问

每周广告（2002），"女人在想什么"，5 月 27 日，

http：//www.adweek.com/news/advertising/what-womenthink-56700

于 2013 年 8 月 28 日访问

艾伦，D（2004），"我如何成为了一名汽车设计师？"《泰晤士报》网页版，10 月 21 日。

http：//business.timesonline.co.uk/tol/business/career_and_jobs/graduate_management/article496826.ece

奥尔波特，GW 和弗农，PE（1933），《表达性活动研究》，纽约：麦克米伦出版社

阿尔舒勒，RH 和哈特威克，LW（1947），《绘画与性格》，芝加哥：芝加哥大学出版社

安黛欧泼罗斯，C 和道森，P（2009），《管理变迁、创意和创新》，洛杉矶：塞奇出版社。汽车观察家（2007），"顶级经理为什么离开了通用公司？" 7 月 2 日：

http : //www.autoobserver.com/2007/07/why-did-top-gmdesigner-leave.html

巴拉德，PB（1912），"伦敦的孩子们喜欢画什么"，《实验教育学期刊》1：3，185-97

巴莱塔，M（2006），《面向女性营销：如何认识、触碰和玩转这个最大的细分市场》，第二修订版，纽约：卡普兰出版社

拜伦－科恩，S（2006），《本质区别：男性、女性和极端的男性大脑》，伦敦：艾伦·莱恩出版社

巴劳迪，JJ 和伊格巴利亚，M（1994/5），"关于信息系统员工职场沉浮的性别效应研究"，《管理信息系统期刊》11，3

比伦，F（1961），色彩心理学和色彩疗法，新海德公园，纽约：大学图书公司

比伦，F（1973），"色彩偏好可为个性的线索"，《艺术心理治疗》1，13-16

伯瑞弗尔特，R（1960），《母亲们：一个有关情感与制度起源的研究》，伦敦：麦克米伦出版社

布里曾丹，L（2006），《女性的大脑》，纽约：摩根道书出版社

布罗克，TC（1965），"沟通者－接受者之间的相似性与决定的改变"，《性格与社会心理学期刊》1，650-54

布罗迪，L（1999），《性别，情感与家庭》，剑桥，麻省：哈佛大学出版社

布鲁克，S（2006），"广告职位的金字塔尖将女性遗忘"，《卫报》，1月25日。
http：//www.guardian.co.uk/media/2006/jan/25/marketingandpr.advertising

布坎南，R（1995），"修辞，人文主义与设计"，收录于布坎南，R和马戈林，V（编辑），布莱恩，D和纽曼，J（1992），"吸引研究对组织性问题的启示"，收录于凯利，K.（编辑），《工业／组织心理学的问题、理论和研究》，纽约：埃尔塞韦尔出版社

卡德瓦拉德尔，C（2005），"这位广告老板认为女性主管都是'废物'。而且似乎不止他一个人有此看法"，《观察家报》，10月23日，
http：//observer.guardian.co.uk/focus/story/0，6903，1598649，00.html
卡梅隆，D（2007），《火星与金星的神话》，牛津：牛津大学出版社

卡托，J（2003），"二手车综述：克莱斯勒PT漫步者，2001-2003"，《加拿大汽车》：
http：//www.autos.ca/used-car-reviews/used-vehicle-reviewchrysler-pt-cruiser-2001-2003/
于8月29日访问

消费者电器协会（2003），"女人到底想从消费电子产品里得到什么？"《视觉》1/2月：
http：//www.ce.org/print/1520_1864.asp

邓肯，C（1975），《追求愉悦：法国罗曼主义艺术中的洛可可复兴》，纽约：加兰德出版社

经济学人（2008），"网络过载：在艾克沙的洪水里生存"：
http：//www.economist.com/node/12673221
于2012年8月12日访问

埃里克森，EH（1970），《童年与社会，哈蒙兹沃思》：企鹅出版社

艾森克，HJ（1941），"有关色彩偏好的批判性和实验性研究"，《美国心理学期刊》54，385-94

费尔格，R和莫泽，M（1991），《沙漠与海洋的子民：塞利印第安的民族植物学》，图森：亚利桑那大学出版社

吉尔里，D（1998），《男性，女性：人类性别差异的演变》，华盛顿特区：美国心理协会

格拉德威尔，M（1997），"看我感觉我摸我卖我"，《独立报》，
http：//www.independent.co.uk/life-style/see-me-feel-metouch-me-buy-me-1276212.html
于2013年8月29日访问

格拉德威尔，M（2000），《引爆点：琐事如何影响大局》，纽约：利特尔＆布朗出版社

贡布里希，E（1995），《艺术的故事》，第十六版，伦敦：费顿出版社

格雷，J（1992），《男人来自火星，女人来自金星》，伦敦：哈珀元素

格洛斯科普，V（2008），"性与这座城"，《卫报》，9月19日：
http：//www.theguardian.com/lifeandstyle/2008/sep/19/women.planning
于2013年8月28日访问

耿，R；阿佐帕尔迪，S和莫斯，G（2007），《马耳他众银行的广告效果》，金士顿：市场营销学院

哈尔彭，D（2000），《认知能力的性别差异》，希尔斯代尔，新泽西：劳仑斯·艾尔伯协会

哈默，EF（1980），《透射式绘画的临床应用》，斯普林菲尔德：查尔斯·C.托马斯出版社

韩德利，A 和查普曼，CC（2012），《内容营销》：约翰威立出版社

海因斯，M（2004），《大脑的性别》，纽约：牛津大学出版社

赫斯曼，EC（1993），"消费者研究中的意识形态，1980 和 1990：一个基于马克思主义和女性主义的批评"，《消费者研究期刊》，3 月 19 日，537—55

霍兰德，S，"家得宝公司寻求女性消费者"：
http：//www.she-conomy.com/41/home-depot-pursues-women
2013 年 8 月 28 日访问

胡珀—格林希尔，E（2013），《博物馆与参观者》：罗德里奇出版社

霍伍德，K（2010），《园艺女人：她们从 1600 年至今的故事》，伦敦：维拉戈出版社

休谟，D（1987），"论趣味的标准"，第一部分，第 22 篇，收录于米勒，尤金 F.（编辑）《道德、政治、文学散文集》。修订版，印第安纳波利斯：自由基金出版公司

赫伯特，A 和凌，Y（2007），"色彩偏好的性别差异的生物学因素"，《当今生物学》17（16），623—25

赫洛克，EB（1943），"青少年的自由绘画作品"，《遗传心理学杂志》63，141—56

海德，JS（2005），"性别相似假说"，《美国心理学家》61（6），581—92

伊格巴利亚，M 和帕拉休拉曼，S（1997），"IT 行业的男性和女性状况报告"，《信息系统管理》14：3，44—54

饭岛，M；有坂，O；源，F 和新居，Y（2001），"儿童自由绘画中的性别差异：一项关于先天性肾上腺发育不全的女孩的研究"，《荷尔蒙与行为》40，99-104

英格尔哈利卡，M；史密斯，A；帕克，D；萨特思韦特，T；埃利奥特，M；鲁帕雷尔，K；哈肯纳尔森，H；古尔，R；古尔，R 和维尔马，R（2013），"人脑结构神经连接组的性别差异"，《美国国家科学院活动纲要》，付印之前已在互联网上出版，

http：//www.pnas.org/content/early/2013/11/27/1316909110.abstract
于 2013 年 12 月 7 日访问

詹姆森，KA；海诺特，SM；沃瑟曼，LM（2001），"拥有多个感光视蛋白基因的观察者色彩体验更为丰富"，《心理环境简报与回顾》8，244-61

约翰逊，P（2003），《艺术：一段新历史》，伦敦：韦登菲尔德和尼科尔森出版社

乔尔斯，I（1952），"关于小学年龄儿童的房子－树木－人心理绘图测试的一些定性解释的有效性研究。Ⅰ.性别标识"，《儿童心理期刊》8，113-18

乔丹，T（2012），"最大化针对女性市场的广告的有效性"，收录于《从差异中获利的启发》，G·莫斯编辑，贝辛斯托克：帕尔格雷夫·麦克米兰出版社

康德，I（1978），《判断力批评》（由 JC·梅雷迪思翻译），牛津：克拉伦登出版社

凯利，G（1955），《个人构建体的心理学》，纽约：诺顿出版社

凯兴斯泰纳，G（1905），《绘画天赋的发展》，慕尼黑：格伯出版社

木村，D（1992），"大脑的性别差异"，《科学美国》267，119-225

拉维，T 和柴可汀斯基，N（2004），"网站感知视觉美学的维度评估"，《人机研究期刊》60，269-98

凌，Y；罗宾逊，L 和赫伯特，A（2004），"色彩偏好：性别与文化"，《感知》33，15-45

卢瑟，H（1996），"在评估个人表现和领导力方面的性别差异：专制 vs.民主管理者"，《性别角色》35：5-6，337-61

麦科比，E（1998），《两性：分开成长，一朝相见》，剑桥，麻省：哈佛大学出版社。有关她接受提名演讲的讨论发表在互联网上
http：//www.apa.org/monitor/oct00/maccoby.html
于 2013 年 9 月 17 日访问

前田，J（2006），《简约的法则》，剑桥，麻省：麻省理工大学出版社

马耶夫斯基，M（1978），《儿童的绘画特点与他们的性别之间的关系》，未发表博士论文，伊利诺伊州立大学

《营销周刊》（2000），"报告显示，女性在广告界依然鲜有代表"：
http：//www.marketingweek.co.uk/report-shows-women-stillpoorly-represented-in-ad-industry/2016959.article
于 2013 年 8 月 28 日访问

梅西，R（2013），"'制造女性真正想开的车'，汽车大佬说公司应该设计有舒适坐垫且适合穿高跟鞋开的汽车"：
http：//www.dailymail.co.uk/sciencetech/article-2341775/Nissan-boss-warns-firms-design-cars-suitable-high-heelscomfy-seats.html 6 月 13 日
于 2013 年 8 月 29 日访问

麦卡蒂，S（1924），《儿童绘画：一个有关兴趣和能力的研究》，巴尔的摩：威廉姆斯和威尔金斯公司

麦克龙，J（2002），"四色觉者"，柳叶刀神经学，1（2），136，6月，见：
http：//www.thelancet.com/journals/laneur/article/PIIS1474-4422(02)00051-0/fulltext
于2013年9月14日访问

米奇利，C（2006），"叶形战争"，《泰晤士报》，8月9日，见：
http：//www.timesonline.co.uk/article/0,,7-2303878.htmlv
于2011年9月16日访问

莫里（2000），"博物馆和美术馆的品牌战略"：
http：//www.insights.org.uk/articleitem.aspx?title=Branding+Strategy+for+Museums+and+Galleries
于2013年8月13日访问

莫斯，G（1996a），"评估：男性和女性在做出评判时，是否倾向于自我选择？"《艺术与设计教育期刊》，15：2，161-9

莫斯，G（1996b），"性别与消费行为：进一步的探索"，《品牌管理期刊》7：2，88-100

莫斯，G（1999），性别与消费行为：进一步的探索，《品牌管理期刊》7（2），88-100

莫斯，G和科尔曼，A（2001），"选择与偏好：有关两性差异的实验"，《品牌管理期刊》9（2），89-98

莫斯，G；耿，R和库巴基，K（2006），"谋取美丽：有关网页设计的交互美学的商业启示"，《消费者研究国际期刊》3（1），248-57

莫斯，G（2007），"表现与偏好的心理学：从达到一致性的目的看优势、劣势、驱动力和障碍"，《品牌管理期刊》14（4），343-58

莫斯，G；汉密尔顿，C和尼夫，N（2007），"设计偏好中的进化因素"，《品牌管理期刊》14（4），313-23

莫斯，G和耿，R（2008），"性别与网页设计：服务品牌模型中的镜像原理的启示"，《营销传播期刊》14（1），37-57

莫斯，G（2009），《性别、设计与营销》，法纳姆：高尔

莫斯，G（2010），"差异是生活的调味品：设计多元化可提高盈利能力"，收录于《从差异中获利》，贝辛斯托克：帕尔格雷夫·麦克米兰出版社

莫斯，G（2010），"设计多元化：机构性障碍，收录于《从差异中获利》，贝辛斯托克：帕尔格雷夫·麦克米兰出版社

莫斯，G（2012），"多元化与网页设计"，从差异中获利的启发，贝辛斯托克：帕尔格雷夫·麦克米兰出版社

莫斯特，H；凡·恩纳，E；韦伯，M（2006），"越来越热的桌子"，《观察家报》，6月4日，
http：//www.theguardian.com/lifeandstyle/2006/jun/04/homes
于2014年1月10日访问

迈尔森，J（2008），《办公设计：办公设计简介》，见
http：//webarchive.nationalarchives.gov.uk/20080821115857/
http：//www.designcouncil.org.uk/en/About-Design/Design-Disciplines/Workplace-design/
于2013年8月28日访问

迈尔森，J和罗斯，P（2006），《工作空间：新的办公室设计》，伦敦：劳伦斯·金出版社

尼夫，N；汉密尔顿，C；赫顿，L；蒂尔兹利，N和皮克林，A（2005），"使用生态学上的有效刺激物进行试验，证据显示女性在对象位置记忆方面存在优势"，《人的自然》16，146-63

奈茨，M；克拉夫克，T和奈茨，J（1998），"L-锥色素亚型基因在女性身上的表现形式"，《视觉研究》38，3221-5

奥塞尔，O（1931-32a），"一些关于形状和颜色抽象的试验"，《英国心理学期刊》32，200-214

奥塞尔，O（1931-32b）"一些关于形状和颜色抽象的试验：第二部分墨迹测试"，《英国心理学期刊》32，287-323

小野，H和扎沃德尼，M（2003），"性别与互联网"，《社会科学季刊》84，111-21

奥尔特，U和荷兰科娃，D（2004），"男性和女性对于广告性别角色刻画的反应"，《市场研究国际期刊》21（1），77-88

帕尔，J（2000），"家庭中消费的性别化"，《基本统计学》75（秋季）

帕尔默，J（2002），"网站可用性、设计与性能指标"，《信息系统研究》13（2），151-67

皮斯，A和皮斯，B（2004），《为什么男人不听，女人不看地图》，伦敦：猎户星出版公司。

彼得斯，T和沃特曼，R（2004），《追求卓越》，伦敦：普罗菲尔图书出版社

彼得斯，T（2003，2006），《重新想象！动荡时期的商业成功》，DK出版公司

菲利普斯，L（2008），"B&Q 公司计划委以女性重权"，《人本管理》，3月20日，14

波洛克，G（2003），《视觉与差异：女性主义，女性特质与艺术史》，伦敦：罗德里奇经典出版社

波特，E（1994），"全球电子共同体（WELL）课题：万维网的商业化"，全球电子共同体国际会议，11月16日

鲍尔，M（2013），"为什么正常的男人在烧烤架前也会变成性别歧视者？"《卫报》，7月19日：
http://www.theguardian.com/commentisfree/2013/jul/19/barbecue-normal-men-sexist
于2013年8月21日访问

普特列伍，S（2004），"与两性交流。男性和女性对印刷广告的反应"，《广告期刊》33（3）51-62

里德，H（1953），《艺术与产业》，伦敦：费伯与费伯出版社

赖利，D和诺伊曼，D（2013），"空间能力的性别角色差异：元分析综述"，《性别的角色》68，9-10，521-535

罗伯特森，M；纽厄尔，S；斯旺，J；马西亚森，L和比耶克内斯，G（2000），"计算科学中的性别问题：从英国和斯洛文尼亚的情况中反思"，《信息系统期刊》11，111-126

劳伦斯，I；帕克，P和斯科特，D（2002），"消费者所认知的'绿色能源'"，《消费者市场营销期刊》19（2），112-29

拉迪克，G（2013），"乐购与赛恩斯伯里之争为整个零售行业划了战线"：
http://www.telegraph.co.uk/finance/newsbysector/retailandconsumer/10216998/
Tesco-Sainsburys-row-draws-battle-lines-for-entire-retail-sector.html 8月1日
于8月17日访问

施瓦泽，M（2007），"寺庙中的女人：博物馆中的性别与领导者"，《博物馆新闻》，（5月/6月）56-64

西尔弗曼，I和厄尔斯，M（1992），"空间能力中的性别差异：进化理论和数据"，摘自巴寇，J等人所编辑的《进化心理学与文化的产生》，纽约：牛津大学出版社

西尔弗曼，I（2007），"为何需要进化心理学？"《心理学报》39（3），541-545

西尔弗曼，I，蔡，J和彼得斯，T（2007），"空间能力中的性别差异——狩猎者和采集者理论：40个国家的数据"，《性别行为档案》36，261-8

希尔弗斯坦，M和费斯克，N（2003），《高价消费：新美式奢侈》，纽约：企鹅商务出版社

希尔弗斯坦，M和塞尔，K（2009），《女性想要得更多：如何在世界上最大、增速最快的市场中抓住你的份额》，纽约：哈珀柯林斯出版社

斯普赖，C（1957），《简单的花卉：花几便士做百万富翁》，伦敦：丹特出版社

斯蒂尔马，MDC（2008），"设计者自身性别的影响"，国际设计师大会——关于设计，克罗地亚杜波罗夫尼克，5月19日

泰尔，P和塞尔弗，J（2006），"女孩之所以会成为女孩"，《新闻周刊》，7月31日：
http://www.newsweek.com/id/46204?tid=relatedcl
于2008年8月4日访问

冯·伊瓦尔登，J，冯·德尔·威勒，T 和波尔，L 和米勒，R（2004），"对网页质量的认知：一项对东北大学和鹿特丹大学学生的调查"，《信息和管理》41，947-59

冯-拉多维茨，J（2013），"新研究证实男人和女人的大脑构造完全不同"：
http://www.independent.ie/world-news/new-study-confirms-the-brains-of-men-and-women-are-wired-completely-differently-29803083.html
于 2013 年 12 月 9 日访问

瓦尔纳，F（2005），《钱包的力量》，纽约：培生普林帝斯霍尔出版社

沃什伯恩，SL 和摩尔，R（2005），《从猿到人》，波士顿：小布朗出版社

威尔宁克，W（2007），"汽车业应该对女性更友好"，《欧洲汽车新闻》，6 月 27 日：
http://www.autonews.com/article/20070627/ANE01/70627005/industry-should-be-more-female-friendly#axzz2dUioMwk2
于 2013 年 8 月 29 日访问

韦斯顿，R（2002），《玛利亚别墅》：阿尔瓦尔·阿尔托，费顿出版社

维瑟尔，C 和麦卡尔，L（1997），"广告中的愉悦性、驱动性和性别差异"，《心理学报告》81，355-67

威特尔森，S（2005），"男性、女性和爱因斯坦的大脑"：
http://infoproc.blogspot.com/2005/07/male-female-and-einsteins-brains.html

维滕贝格-考克斯，A 和梅特兰，A（2009），《女人不容小觑：新一轮的商业革命》，奇切斯特：约翰威立出版社

王，M（2004），"电子产品公司寻求女性个人消费者：2003 年女性在科技产品上花费多于男性"，1 月 16 日：

http://www.msnbc.msn.com/id/3966261

范·威克，G（1998），《非洲彩绘房屋：南非巴苏陀族的住所》，纽约：哈利艾伯罕出版社

什么是深网？
如何进入深网？
深网是如何运作的？

斯诺登和阿桑奇是怎样利用深网实现

数据交换和防窃听交流？

在互联网世界中你的电脑和移动智能

设备数据真的安全吗？

让我们进入深网这个隐秘而令人窒息

的奇幻世界！

这一切，你不可不知！

DEEP WEB

深网

anonymus

Google 搜不到的世界
互联网最黑暗的隐秘江湖

同名 BBC 纪录片 DEEP WEB
（深网）火爆热播中！

书　　名：《深网》
作　　者：[德] 匿名者
译　　者：张雯婧
定　　价：39.80 元

酒鬼旅行指南

[日]江泽香织 著

一场美味而生动的饮食盛宴
日本酒文化的之旅

- 日本酒
- 下酒菜
- 酒器攻略手册

日本游旅、商务、学习、
生活的一本必备宝典，
堪称日本版的《舌尖上的中国》。

以日本酒为经，酒器菜肴为纬，向读者们介绍
了日本丰富多彩的酒文化。跟随作者的脚步，我
们将领略一场场美味而有趣的饮食盛宴。

书　　名：《酒鬼旅行指南》
作　　者：[日]江泽香织
译　　者：彭之洵
定　　价：39.80 元

饌
创美工厂出品

出品人：许　永
责任编辑：许宗华
特约编辑：代世洪
版权编辑：黄湘凌
封面设计：孙诗茜
内文设计：石　英
责任印制：梁建国　潘雪玲

投稿信箱：cmsdbj@163.com
发　　行：北京创美汇品图书有限公司
发行热线：010-53017389　59799930

创美工厂
微信公众平台

创美工厂
官方微博